U0338506

立人天地

第一夫人的衣橱

[美] 费瑟·施瓦兹·福斯特（Feather Schwartz Foster） 著

胡筱颖 译

黑龙江出版集团

黑龙江教育出版社

版权登记号：08-2016-085

图书在版编目（CIP）数据

第一夫人的衣橱 /（美）费瑟·施瓦兹·福斯特著；
胡筱颖译 . — 哈尔滨：黑龙江教育出版社 , 2016.10
ISBN 978-7-5316-9005-4

Ⅰ . ①第… Ⅱ . ①费… ②胡… Ⅲ . ①服饰文化—世
界 Ⅳ . ① TS941.12

中国版本图书馆 CIP 数据核字 (2016) 第 273763 号

第一夫人的衣橱
DIYI FUREN DE YICHU

作　　　者	［美］费瑟·施瓦兹·福斯特 (Feather Schwartz Foster)
译　　　者	胡筱颖
选 题 策 划	吴　迪
责 任 编 辑	宋舒白　王海燕
装 帧 设 计	任尚洁
责 任 校 对	孙　丽

出 版 发 行	黑龙江教育出版社（哈尔滨市南岗区花园街 158 号）
印　　　刷	北京鹏润伟业印刷有限公司
新 浪 微 博	http://weibo.com/longjiaoshe
公 众 微 信	heilongjiangjiaoyu
天 猫 店	https://hljjycbsts.tmall.com
E－m a i l	heilongjiangjiaoyu@126.com
电　　　话	010—64187564

开　　　本	850×1168　1/32
印　　　张	8.75
字　　　数	170 千
版　　　次	2017 年 1 月第 1 版　2017 年 1 月第 1 次印刷
书　　　号	ISBN 978-7-5316-9005-4
定　　　价	38.00 元

献给路易斯·汉密尔顿

目　录

前　言

　　我们能在很多场合看到美国第一夫人们穿过的衣服、戴过的首饰以及用过的物品。很多贵重的物品，比如珠宝，都按常理由历任总统家族自行保存。曾经的总统府，如弗农山和酋长山，如今会展出一些精美绝伦的珠宝，但是，迄今为止，第一夫人这个群体的相关物品最大的展场是华盛顿特区的史密森学会博物馆，第一夫人物品展厅大概是这里众多展厅中最受欢迎的一个了——数十年如一日地受欢迎。

　　为了让展厅内所有的珍藏时时更新，为了收集当代第一夫人们的物品，为了保持所有展品的新鲜感，抑或最重要的原因是为了保护所有的展品不受灯光、灰尘、潮气的侵蚀和时间的影响，史密森学会博物馆会定期更换展厅，定期调整展览主题。据说，这里的藏品中光是第一夫人们的各种衣服就有好几百件。

　　史密森学会博物馆还是一个满载着历史知识的智库，正因为这样，这里的专家学者们更细致专注，更醉心于他们掌握的每一件物品背后的史实。对于一个普通参观者而言，某件睡衣的质地到底是真丝、棉麻还是化纤或许无关紧要，重要的是这件睡衣是不是某位总统夫人衣橱中最贵的那件，它是否代表总统夫人个性化的一面，这恰好也是本书的重点。

在我多年的图书签售、演讲和课堂教学中，我终于明白——这么说可能会让某些学者不高兴——民众想要了解的是历史书上的那些活生生的人，而不是那些支离破碎地按照时间先后顺序排列的史实。我觉得之所以如此，是因为我们之前并没有用一种适当的方式把历史上的大事件普及给大众。

在本书中，这些美国早年的第一夫人们能够通过她们服饰中的一个小物件，有些是实实在在的，有些只是象征性的，也许是一件礼服、一顶帽子、一件首饰，重新向大家介绍她们和她们的故事，也为我们打开一扇窗户，让我们看到隐藏在服饰之后的真实的第一夫人。

 玛莎·丹德里奇·柯蒂斯·华盛顿

出生日期：1731年6月21日

出生地点：弗吉尼亚州新肯特郡

父母：约翰·丹德里奇，弗朗西斯·琼斯·丹德里奇

第一任丈夫：丹尼尔·帕克·卡斯特斯

结婚日期：1750年

子女：约翰·帕克（杰克）·卡斯特斯，

　　　玛莎·帕克（帕奇）·卡斯特斯

第二任丈夫：乔治·华盛顿

结婚日期：1759年1月6日

子女：无

做第一夫人时间：1789—1797年

逝世日期：1802年5月22日

墓地地址：弗吉尼亚州弗农山

裙子的故事

在古老的新泽西小镇资料室的玻璃橱窗里，展览着一件有标志性历史的物品。据说这曾是美国首任第一夫人玛莎·华盛顿的私人物品，这个具有历史意义的宝贝其实很容易被忽略掉，因为这只是一个针插。这个针插用一块漂亮的棉布做成了一朵莲花的形状，周围绕着穗子。这个针插几十年前就被捐赠给了资料室，捐赠者说这个针插是他家的传家宝。据说这个针插是用玛莎·华盛顿的一条裙子做的，当然，这个说法是否属实已无从考证。

传闻玛莎·华盛顿在新泽西州的莫里斯敦住过两个冬天，当时正是美国独立战争时期，她的丈夫华盛顿在那里安营扎寨。玛莎在莫里斯敦受到了当地居民的热情款待，并逐渐与他们成了好朋友，留下一段佳话。

玛莎·华盛顿的部分朋友的名字可以在他们之间的往来信件以及日记中得以查证。但是更多的朋友名字则无从考证。有些人就是不喜欢写信，还有许多信件因为年代久远遗失了。但是我们并不能就此说这些人和这些信件根本就没有存在过，只能说它们没有出现在史料中。

这条裙子的故事要从华盛顿夫人 1802 年辞世后不久

开始讲起。我们这位捐赠者的曾曾祖父母请玛莎的继承人给他们一样东西留作纪念，于是他们得到了从玛莎穿过的裙子上剪下的一块布。起码当事人是这么讲的。

玛莎在世的时候留下的肖像不多，因此，我们从肖像中看到的她的裙子也就不多。她的绝大部分肖像都是画师凭着自己的想象，按照当时流行的风格，以及他们揣度的玛莎的喜好来完成的。那张最有名的她本人最喜欢的肖像出自吉伯特·斯图尔特之手，是她晚年的肖像，只是一幅头像。今天白宫东厅墙上悬挂的她的全身肖像是她辞世后画师根据想象而作的。

玛莎的衣橱透露出一个铁板钉钉的信息：她总喜欢买美国制造。这个习惯大约始于美国独立战争之初，这一点让我们更加坚信她是多么忠于自己国家的事业。棕色和深绿色的羊毛质地服装是她外出旅行的首选。她的正装，尤其是华盛顿担任总统一职之后，通常给人以简洁、优雅、朴素、质地精良的印象，这种形象非常符合她总统夫人的身份。人们对她的衣着评价都着眼于面料质地，而非衣服本身的款式。不过话说回来，当时玛莎已年近六旬，衣服款式是否时髦对她而言已经不那么重要了。

这个针插所用的明亮的印花棉布，从来没有出现在官方记载的玛莎服装名目中。但是我们不能据此就说这块印花棉布不是玛莎的衣服上的，它只是没有被官方记载而已。这块花布的式样和花型在当时非常常见，就像今天蓝色丹宁布一样普通。当时大部分农场主夫人都有几条这样的裙子，很多有钱人家的太太可能也有这样的裙子。

当时的习俗蛮有意思的——把刚刚离开的故人的衣服剪了当纪念。玛莎·华盛顿当时全国闻名，在她40多年的华盛顿夫人的生涯中结识了不少人，因此某个熟人想要点她的东西做个念想是很正常的。从旧衣服，尤其是一件不值钱的外出服上剪下的半码布，倒是一个很好的选择，一方面满足了别人正常的要求，另一方面也不会给逝者的家庭带来任何负担。用这块布做成的物件，比方说一个针插或者一个枕套，做工精美，能给人留下纪念，同时易于珍藏。

布料也方便追溯它的年代，这样一来，我们也容易证实这块布料是否真的是华盛顿时代生产的。我们甚至可以从布料的款式和花色来辨认是否是那个特定时代常见的。当然它也可能是后来生产的，只是款式和花色都非常接近玛莎·华盛顿一贯的穿衣风格。不管这块布是不是从玛莎的衣服上剪下来的，我们都只能猜测，永远也无法下定论。

这个问题重要吗？如果重要的话，那么到底有多重要？这个针插的捐赠者宁愿相信他自己的家族秘闻，资料室愿意相信捐赠者，当地的居民愿意相信他们与华盛顿夫人之间是有联系的。除此之外，这个针插的做工精美，作者本人也很愿意在很多年以前就见到这样的针插。

除了这样的物品，大家还会相信其他什么东西呢？

粗布围裙

只要我们提到食物，或者与食物相关的事情，围裙就是一件再寻常不过的必需品了。今天人们还是经常用围裙，各种颜色，各种材质，各种款式，不一而足，有的围裙上还有一些搞笑的印花。我们正儿八经地做饭的时候穿围裙，非正式的聚餐也会穿围裙，不管是什么场合，围裙一直都扮演着它亘古不变的角色：防止我们身上穿的衣服被弄脏。

玛莎·华盛顿有数十条围裙，当然，所有的围裙都没有什么搞笑印花，也没有缝什么有趣的装饰。洗衣服在玛莎生活的年代可是件费时费力的活儿：要烧一大锅开水，用硬邦邦的碱性肥皂使劲搓，就是这样也不一定能把衣服洗干净。那时候，贵重的衣服一旦缩水或者是弄上洗不掉的污渍就全毁了，因此，最简单明智的办法就是尽可能地不要弄脏衣服，那么，就需要围裙了。

基于此，我们就有了这个粗布围裙的故事。当时华盛顿还是将军，1777年冬天，玛莎来到新泽西州的莫里斯敦，华盛顿将军在那里安营扎寨。莫里斯敦邻近地区的这些贵妇人当然都迫不及待想要拜访这位大人物，于是她们戴上了最华美的帽子，穿上了最体面的裙子，满心以为华盛顿夫人也会这样穿戴隆重地欢迎她们。

然而她并没有，相反，这位时年 45 岁的将军夫人穿了一条棕色的裙子，围着一条粗布围裙就出来接待她们了，手里还织着毛衣。这身打扮迎客也太过随意了，似乎还有那么一点失礼。

玛莎·华盛顿是一个凡事亲力亲为的女主人，通常天还未亮她就起床，亲自去厨房看看，然后再看看用人整理家务的情况。接下来她照顾孩子，做手工，有时候织毛衣，有时候缝衣服，她织毛衣、缝衣服可是一把好手。她还得安排时间招待那些络绎不绝的客人，他们总是能够找到弗农山来，家里的餐桌从来就不止坐两个人。

穿粗布围裙干的活都不轻松，因此围裙当然不可能用亚麻布做，也不可能缀满蕾丝，这种耐脏的布料通常都是粗纺。极有可能就是弗农山本地产的，因为当地每家每户都会自己纺纱织布。这条围裙的布可能就是玛莎·华盛顿自己织的，或者是她手把手教会家里某个女仆，然后让她织的。

谁织的？怎么织成的？其实并不重要。重要的是华盛顿夫人就穿着那条粗布围裙接见了她的新宾客，那些新泽西上流社会人士，那些莫里斯敦的精英们。

农场女主人

华盛顿夫人生来就不是一个只知道吃喝打扮的女人，受到的教育也并非为了把她培养成一个游手好闲的名媛贵妇。她出身贵族阶层，就像华盛顿本人一样——生活优渥，但凡事亲力亲为，不假他人之手。

她18岁那年嫁给了丹尼尔·帕克·卡斯特斯，弗吉尼亚一位非常富有的绅士。虽然卡斯特斯的年龄比玛莎大出了整整一倍，但两个人心心相印，彼此关爱，渴望共同生活。两个人的结合是出于倾心相爱，而非包办。

婚后大约过了8年，卡斯特斯英年早逝，给他的遗孀留下了巨额遗产和两个稚子，一个4岁，一个2岁。玛莎成了当时整个弗吉尼亚州最富有的年轻女人，拥有近20 000公顷的庄园，约300个劳力，一个装潢优美、雅致的家，以及殖民地最值钱的东西——现金。

殖民地的习惯是鼓励孀居女子尽快改嫁，特别是带着年幼孩子的。生活不易，大家都需要生活伴侣。维多利亚时代从一而终的习俗已经是老皇历了。

玛莎1759年改嫁给了乔治·华盛顿，那年她27岁，已经能游刃有余地打理家族的大庄园以及一切相关事务。当时华盛顿在弗农山的家远没有今天这般壮观。又过了几年，他们做了不少艰苦的工作，又添置了许多东西，庄园的宅邸和里面的东西才渐渐变成华盛顿夫妇理想中的样子。

所以，当乔治成为将军的时候，他已经用了整整15年的时间建造他的庄园，打造他的声望。这里面华盛顿夫人的功劳不容忽视。

在列克星敦和康科德的第一枪打响之前，所有的殖民地都执行一种非进口协议。大家投票一致通过，不购买从英国进口的商品，彻底自给自足。华盛顿夫妇一直反对对英国的贸易依赖，他俩在这一点上比任何人都做得好。从那时开始，玛莎所有的衣服都是美国制造。

因此，当莫里斯敦当地的客人们看到玛莎的穿着打扮时都愣住了，她们本以为会见到一个盛装的贵妇，这样才配得上将军夫人的尊贵身份。但是玛莎知道，她丈夫的士兵们都还衣不蔽体，食不果腹，中央政府给他们的供给实在是聊胜于无。虽然每个州都有供养自己军队的义务，但事实并非如此。

玛莎来莫里斯敦的时候带了许多布料和纱线，做了好好利用这些东西的准备。所以，她每天都忙着为她丈夫和丈夫手下的士兵们织布缝衣，还要抽出时间去每一个充当临时战地医院的地方。她的双手从来没有闲过，没时间也没心情去参加任何无意义的社交活动。

她的裙子通常都是棕色的，朴实无华。棕色、深绿色对染色工艺的要求很低，在这些新独立的州，这两个颜色也是随处可见的寻常颜色。华盛顿夫人的粗布裙子成功地把她的想法传递了大家。就像历史学家保罗·波勒说的一样："当每个男子都在以实际行动表达他们的爱国主义热情的时候，女士们需要用实际行动来支持国家的工业。"

　　玛莎传达出的信息非常有效，从那以后，莫里斯敦和其他一些地方的名媛贵妇登门拜访华盛顿夫人的时候，她们手里总是提着一个针线篮子，随时准备为前线的战士们缝衣织袜。

 阿比盖尔·史密斯·亚当斯

出生日期：1744 年 11 月 11 日

出生地点：马萨诸塞州韦茅斯

父母：雷夫·威廉·史密斯，

　　　伊丽莎白·昆西·史密斯

丈夫：约翰·亚当斯

结婚日期：1764 年 10 月 25 日

子女：阿比盖尔·史密斯·亚当斯，

　　　约翰·昆西·亚当斯，查尔斯·亚当斯，

　　　托马斯·波尔斯顿·亚当斯

做第一夫人时间：1797—1801 年

逝世日期：1818 年 10 月 28 日

墓地地址：马萨诸塞州韦茅斯美国第一教区教堂

旅行服装

约翰·亚当斯派人去接他夫人，她在此之前从未出过远门，到过的最远地方就是离家不到 20 英里的波士顿。

1764 年约翰和阿比盖尔结婚的时候，约翰还只是一个小律师，跟着波士顿附近的巡回法庭四处奔波讨生活。18 世纪中期，人们外出主要靠步行，也可以骑马，坐马车，如果有必要的话还可以坐船。毋庸置疑，这样的旅途势必漫长而辛苦。所以，约翰每次一出门总要好几天，有时还要好几个星期。

18 世纪 70 年代，革命气息愈加浓烈，约翰·亚当斯成了革命势力最重要的发言人，以代表的身份参加了费城大陆会议。会议地点离家大约 500 英里，如果天气好的话，路上需要两周时间，这就意味着他每次出门去参加会议，都要和阿比盖尔分别一个月，两个人之间只能靠频繁的鸿雁传书。在他俩结婚的头 15 年中，两个人聚少离多。

亚当斯先生到巴黎去了

1778 年，大陆会议决定让约翰·亚当斯代表新诞生的美利坚合众国到巴黎去，为这个在挣扎中求生存的新生国家求得贷款和贸易的机会，这次他和他亲爱的太太得分别 5 年。约翰在费城参加大陆会议时，两个人靠频繁的书信往来保持联系，但这次两个人之间相隔的是 3 000 英里的大洋，书信很可能会无法及时送达。

当时跨大洋的旅行并不常见，以前的英属殖民地现在都在跟英国——它们曾经的母国，当时的世界霸主交战，船经常会丢。船被视为一种战利品，他们把那些重要的信件没收之后，剩下的整船的包裹都统统被扔进了大海。每逢有欧洲驶来的船停泊在波士顿，阿比盖尔就会坐着马车到镇上，在码头四下寻找，拉着船上下来的乘客和船员，试图打听丈夫的消息。阿比盖尔想要得到一条丈夫平安的消息都要花上好几个月的时间。

阿比盖尔·亚当斯计划出门

阿比盖尔时年 39 岁，最小的孩子也大了，可以安心地把他们留在家里上学，18 岁的大女儿也叫阿比盖尔，小名叫娜比，跟妈妈一起走。约翰·亚当斯在美国新政府里官居要职，他建议他的太太雇了一对法国夫妇来照顾他们在法国的家，这样也符合约翰的身份。

阿比盖尔带着女儿、新雇的仆人，买了"积极号"的船票，这艘货船驶往伦敦，船上有少量客舱座位。"积极号"主要运输钾肥和鲸油，船上充斥着一种难以忍受的恶臭。整个航程要花上4周到6周时间。当时的货船只能把人从一个地方运到另外一个地方，仅此而已，谈不上任何服务，这的确让人望而生畏，对乘客是一种很大的挑战。所以，需要提前好几个星期进行心理准备。

船上有一个厨子，但是按亚当斯夫人的说法，这个厨子做的菜很一般，船上的乘客们还被要求自己提供食材。打个比方，如果想要喝牛奶，就得提供一头奶牛，阿比盖尔就买了一头奶牛。还有的乘客买了几十只鸡，刚开始是养着下蛋吃，旅行快结束的时候就把鸡宰了吃肉。有人买了一桶桶的啤酒、麦芽酒、饮用水和烈酒，还有无数桶面粉、玉米粉、咸肉、蜜饯、糖和猪油。阿比盖尔还带了几十加仑的醋用来消毒。她还储备了许多肥皂和蜡烛，够用好几个月的。为了防患于未然，她还带上了药盒子，里面装了各种药剂、药粉。她所有的担心都是合理的，因为她要亲自去体验这样的旅程。

旅途这么辛苦，阿比盖尔只能穿那些最舒服的衣物，她最漂亮的裙子已经收起来了。平时她穿得最多的就是那种长长的棉布裙子，不是棕色的就是深绿色的，里面穿一件抽绳内衣和衬裙，棉布裙子外面还要套上一件束腰外衣，围上围裙。围裙在殖民地新英格兰人中是非常常见的装束。她的鞋子很结实，能防止她在船上摔倒。旅行的头两周大部分时间她都穿着同一身衣服：因为她病了，病得没有精神去换衣服。

乘客还需要自带游乐设备，比如织布纺纱的工具、书、牌、棋盘和棋子。阿比盖尔随身带了法语书，风平浪静，船不颠簸的时候，她和随行人员就会一起花几个小时的时间看书自学。最后她真的可以勉强地读法语原文书了，但是她的对话能力堪忧：因为船上没有人教她法语发音。

亚当斯夫人被安置到这艘旧船上最好的船舱——其实也就是一个非常狭小的船舱，中间用一个晾衣绳拉起一块布，把她和船员隔开。当然，乘客们都需要自带寝具和卧具。如厕问题主要靠一个木桶解决，木桶的把手上拴着一根绳子，每天清洗木桶的时候把木桶从甲板上放到海水里就行。毫无疑问，亚当斯夫人在旅途中每天都过得提心吊胆。

可想而知，船上的卫生情况完全达不到阿比盖尔·亚当斯的标准，那数加仑的醋就派上了用场，醋还有效地盖住了钾肥和鲸油的恶臭以及船上局促空间中的各种异味。阿比盖尔、娜比和仆人们都用手绢把头发包起来，每天花很长时间清洗船舱，尽可能地改善生存环境，当然，也有可能是为了打发船上无聊的时间。他们每天都会刷她们的船舱，刷牛奶桶，按亚当斯夫人的说法，"不刷就直接用的话，能活活把人给毒死"。

阿比盖尔到达法国

5周后，她们一行终于到达巴黎，她天真地以为，两个得力的仆人完全能够照顾好他们这对美国外交官夫妇的日常起居。所以，当她发现巴黎的家是一所华美的宫殿，里面竟然有10多个仆人时，她太惊喜了。

她之前并没有到过真正的城市，波士顿人口不足15 000人，比一个小镇大不了多少。巴黎则是一个国际大都市，到处是宫殿、花园、华美的建筑和宽阔的大街。她去参观艺术馆，去剧院看戏，听歌剧，听音乐会。初见芭蕾舞时她惊呆了，因为芭蕾舞女演员穿着短裙和肉色的紧身裤袜，但是，等她看过了几场芭蕾舞剧之后，这样写道："芭蕾舞美极了。"

约翰和阿比盖尔在国外待了差不多5年的时间，先是在巴黎，然后去伦敦。欧洲对她而言是一个灿烂的启蒙，远远超出了她的想象。她亲眼见到了许多名人，有的人盛名如雷贯耳，有的人是约翰在信件中提到过的。她迅速地成熟起来，这也是她做梦都没想过的。

她甚至默许别人给她做头发，她知道，出门的时候需要高度注意自己外表的每一个细节，所以她决定去做头发，做成18世纪最流行的样式。她定期派人去请理发师来，理发师被仆人领到亚当斯夫人面前的时候大吃一惊，不停地说他要见的是亚当斯先生。不，阿比盖尔说，请理发师来的不是亚当斯先生，而是她本人，然后她告诉理发师她要做头发。"但是我只是理发师啊。"理发师彻底糊涂了。"对啊，"阿比盖尔也同样不解，"我就是要你来给我理发的啊。"这段对话完全就是鸡同鸭讲，罪魁祸首就是文化和语言的差异。在欧洲，理发师仅仅负责给男士修面理发，偶尔也拔牙，给女人做头发的是美发师，这是一个完全独立的工种。

多年旅居欧洲，阿比盖尔之前对礼节和社会的概念都发生了变化，她的整体眼界也大为不同了，她学会了拥抱之前她所鄙夷的。之前她是一个极其务实的人，慢慢地也开始理解了务虚的意义和价值。

最重要的是，虽然她一直保留着身上最根本的美国属性，但跟以前已经很不一样了。

阿比盖尔的面纱

面纱从圣经时代就有了，女性专用，可遮、可挡、可藏，还可用来表达一种欲言又止的含蓄。就是到了 20 世纪中叶，帽檐上垂下的面纱也反映着忽东忽西飘忽不定的时尚。传统的新娘们在婚礼上还是会头盖面纱，有时身处痛苦哀悼中的女性也会用面纱遮脸。在某些宗教的教义中，面纱被认为是一种着装要求。

但是本文要讲的是阿比盖尔的面纱——其实并不是一个实实在在的面纱，是隐形的，是她的一种隐喻。

阿比盖尔是一个清教徒式的新英格兰女性，她的出身和后来接受的教育都决定她不可能过一种浮华的生活。她的服饰从来都不是流行个性款，她从来都不喜欢这种艳俗的衣服。她的裙子、外套都做工精良、得体，款式也就是当时最普通的，当然也要符合她当下的经济状况，绝不会太个性。

阿比盖尔很喜欢写东西，常常给她的两个姐妹玛丽·克兰齐和伊丽莎白·肖写信，一写就是一辈子。她们之间的这些信件，就是我们今天读起来，也会觉得平实、温暖、内容丰富、充满智慧、有趣。但是其中有一封信却很含蓄，欲言又止。

1783年她平安抵达巴黎后，给这两姐妹中的一个写了一封信，回忆这让人疲惫不堪的行程以及她对欧洲带有启蒙意义的初期印象。但是当她写到她与深爱的丈夫重聚时那种无法表达的狂喜时，她措辞谨慎，用了诗人的面纱这个词来让她的姐妹去想象。由此，我们也看到了阿比盖尔的含蓄和18世纪的习俗。

家庭面纱

如果阿比盖尔用了诗人的面纱这个词来含蓄地向她的姐妹传递她的闺房之乐，那么她还用过类似的隐喻来含蓄地表达她的痛苦和失望。有些事情是不能说也不能与人分享的，当然更不能拿出来讨论了。

阿比盖尔·亚当斯有一个酗酒成性的兄弟威廉·史密斯，这在 18 世纪是非常普遍的，只不过当时不叫酗酒，而是用各种隐晦的说法代替。酗酒其实是一个现代词汇，今天的医疗科技已经找出了不争的事实来证明，酗酒其实是会遗传的，早在殖民地时代就有人怀疑酗酒是家族遗传的。

阿比盖尔的父母一共育有 4 个子女，威廉·史密斯排行第三，是唯一的儿子。阿比盖尔的父亲史密斯牧师颇有名望，他坚信，他的女儿必须和儿子一样，接受同样的教育。

可能是因为儿子威廉整日生活在 4 个聪慧、敏感的女人当中，可能是源于清教徒古老的箴言"要坚定不移地忠于职守，不管过程多么艰难"，也可能是因为他早婚早育女儿多，反正不管是什么原因，威廉 30 多岁就已经开始走向毁灭之路。长期酗酒，到处负债，最后遗弃了自己的妻子和 4 个孩子。最终，他做出了值得怀疑的——姑且不用"罪行"这个词——不恰当的行为：伪造文书。他 42 岁就死了。阿比盖尔一直是一个对兄弟姐妹极其包容的人，对家里的一切事情有高度的热情，但她却很少提到威廉的名字，哪怕是在家里也很少提及。在她写给两个姐妹的信中，她会提到这个可怜的人和他的各种愚蠢行径，会提到与他的各种不愉快的联系，用她一贯的同情语调。与威廉有关的事情对这三姊妹而言都是一个痛苦的话题，因此她们会在信封上做一个标记，提醒收信人，这封信的内容是很私密的，这是三姊妹之间公开的秘密。

阿比盖尔·亚当斯到底相不相信她的弟弟威廉是因为家族遗传，所以才比其他人更无法抵挡放荡生活的诱惑，这一点我们无从得知。不过，我们发现一个例子，她曾提到她希望她的儿子查尔斯的行为不会伤害到他的朋友。由此可见，她从直觉上是意识到了这种后果。

查尔斯·亚当斯是约翰和阿比盖尔的第二个孩子，天生体弱。全家人注射了天花疫苗后基本都没有大问题，就查尔斯出现强烈的身体反应。约翰·昆西10岁那年，约翰·亚当斯带他一起去欧洲，把这个早熟的孩子给高兴坏了。过了几年，约翰·亚当斯想带着他的二儿子查尔斯去欧洲，结果父子之间的体验与上次迥然不同。9岁的查尔斯恋恋不舍、眼泪汪汪地告别了母亲，一离开就开始想家。他在学校表现不好，对各种社交活动也提不起兴趣，最后，起初满心欢喜的父亲也心凉了，又把他送回到他母亲阿比盖尔身边。

查尔斯最后考入了哈佛大学，在纽约学法律。他后来跟萨丽·史密斯结了婚，这是他的没有任何血缘关系的兄弟威廉·史密斯的妹妹，这个名字跟他爸爸一样，搞乱了爸爸家的辈分。萨丽和查尔斯婚后育有两个女儿。

后来约翰·昆西被乔治·华盛顿总统任命为驻荷兰的公使，他把他所有的财产都委托给了他的弟弟查尔斯。约翰·昆西存了一笔钱用于日后的养老，自然希望这笔养老金能够合理安全地投资。查尔斯的另一个兄弟擅长投资，查尔斯就听了他的建议，做了一次莽撞的地产投资，赔光了他哥哥所有的积蓄。

或许是出于罪恶感，害怕事情暴露，再加上生性懦弱，查尔斯开始一步步重蹈他叔父威廉的覆辙。查尔斯的堕落明显而迅速，他妈妈看到自己的心头肉竟然一天天变成这样，心都在滴血，而他父亲则越来越冷酷无情，相信这就是他儿子性格缺陷的宿命。查尔斯30岁就死了，当时他已经变成一个邋遢不堪的酒鬼。他死后，他的遗孀和他们的两个孩子跟着阿比盖尔和约翰一起生活。

阿比盖尔的面纱阻止了她诚实地将她生命中的这出悲剧付诸笔端，但是却没有遮掩住她无尽的焦虑和悲痛。

最小的孩子

托马斯·波尔斯顿·亚当斯是阿比盖尔最小的孩子，生长在动荡的美国独立战争时期，从小跟父亲比较生疏，因为父亲每次出门一走就是数月，甚至数年。

他也在哈佛大学学习法律，虽然他妈妈和大哥约翰·昆西说这是被逼的。托马斯对法律其实没有什么兴趣，但是他还是顺从地承袭了家族的事业。

1794年约翰·昆西去荷兰的时候也带着弟弟做他的秘书。1800年回国后托马斯开始在费城做律师，取得了一些成绩。但是他们口中的"蓝色魔鬼"，也就是折磨了他一辈子的慢性抑郁症开始初现端倪。他的父亲，当时已经是卸任的前总统，可能已经发现小儿子神经脆弱得不正常，催着小儿子跟他一起去昆西那里，希望亚当斯这个家族能在政治领域有一定的影响力。也可能约翰已经从他与查尔斯之间的恶劣关系中得到了教训，学乖了。

就这样，托马斯懒心无肠地一脚踏进了政坛，被选入了马萨诸塞州的立法机构，但是一年后他就辞职了。他30多岁才结婚，婚后生了好几个孩子，其中7个孩子健康长大了。但是他自己却碌碌无为，多年来只能一直和父母生活在一起。

托马斯·亚当斯一方面是温柔的丈夫，孝顺的儿子，慈祥的父亲，温和的弟弟和叔叔；另一方面也一直都在与家族遗传的嗜酒的恶习还有忧郁症做斗争。虽然这两个问题在家族中并没有蔓延到失控的地步，但已经毁掉了他的叔叔威廉和他的哥哥查尔斯。有资料显示，托马斯染上了赌博的恶习。

阿比盖尔用来隐藏所有家庭丑闻的遮羞面纱依然在发挥作用，但是当年迈的约翰和阿比盖尔立遗嘱的时候，留给托马斯·波尔斯顿·亚当斯的那部分被交给了信托公司监督，由哥哥约翰·昆西管理，因为夫妇俩不相信他们时年 45 岁的小儿子能够承担起责任。

洗衣房的幕后故事

官邸

很奇怪，在 20 世纪 70 年代中期之前，美国副总统都没有官邸，直到副总统尼尔森·洛克菲勒上任才开始有，因此，约翰任副总统期间只能自己掏钱租房住。亚当斯夫妇在纽约列治文山区租了一套豪宅，住了两年。这个房子离参议院议员们碰头的地方不远，离当时总统府所在的樱桃街也不远，这样就方便了阿比盖尔定期去拜访第一夫人玛莎·华盛顿。

后来约翰在费城任副总统的 6 年间，他们也租房子住，还在里面招待各方宾客。在此期间他们频繁地往返于费城和马萨诸塞之间。约翰其实并不情愿做副总统，阿比盖尔因为身体不好，又需要照顾家庭，所以就做了全职太太。

他们在费城的宅邸，这个租来的房子随时都需要敞开大门迎接各方宾客，食品、酒以及仆人的费用都是由私人支付，当时约翰的年薪是 25 000 美金，还算丰厚。精明的国会可不愿意过问约翰预算的细枝末节。他们把钱全部给约翰，让他自己去分配。

洗衣房

白宫绝对称得上是豪宅，是整个国家最大的私人宅邸。其实白宫并不白，而是米黄的砂岩色，总统（每任总统）住白宫都不需要花钱。当时的白宫就是一座空房子，里面没有任何的家具，当时美国的新首都华盛顿到处都是这样一片空白荒芜的状态。路没有铺好，到处都是工人，路上随处可见猪啊、狗啊之类的动物。华盛顿冬天的雨雪把所有的东西都深埋在土里。整个华盛顿，不管是外部环境还是人心，都是冰凉湿冷的。

第一夫人阿比盖尔可不是第一次面对这种家里百废待兴的状况。她和出身富庶的玛莎·华盛顿不同，婚后的头 20 年中，家里事事都需要她亲力亲为，只有一个钟点工白天过来帮忙。洗衣服、刷地板、擦家具、做饭，事事都是她在做。她从来都不摆架子，到了 50 多岁，还随时准备挽起袖子来做家务。其实，当时在华盛顿这个新建的联邦城市里也是找不到仆人的。

她给女儿写了一封信，就是那封著名的"洗衣房信"。信中她抱怨泥土，还抱怨天气恶劣。她说天气太过湿冷，他们只得把屋子里9个壁炉都烧上火，这样才能暖和一些。她还告诉女儿她把东厅改造成了一个巨大的烘干室。从这些文字中，我们眼前出现了第一夫人栩栩如生的形象：她正在晒床单，晾自己的衬裙，还有约翰的内衣裤。

不只这些，还有更有趣的：阿比盖尔和约翰学会了怎么对付公众的批评，比如要不断练习对任何指责都保持沉默。阿比盖尔知道要是她公开表达对这栋尚未完工、四处透风的白宫的不满，不管住在白宫要不要他们付房租，一定会招致他人的吐槽，因此她提醒女儿："要是有人问你，你就说我们觉得这里很好。"约翰和阿比盖尔夫妇都愿意花时间和精力去掩饰他们自己，避免被公众无谓消费。

阿比盖尔的"洗衣房信"当然是史无前例的，后人们反复引用，津津乐道。

 多莉·拜恩·托德·麦迪逊

出生日期：1768 年 5 月 20 日

出生地点：新泽西州吉尔福德郡

父母：约翰·拜恩，玛丽·科尔斯·拜恩

第一任丈夫：约翰·托德

子女：约翰·拜恩·托德

第二任丈夫：詹姆斯·麦迪逊

结婚时间：1794 年 9 月 15 日

子女：无

做第一夫人时间：1809—1817 年

逝世日期：1849 年 7 月 12 日

墓地地址：弗吉尼亚州蒙彼利埃

教友派时尚风向标

成了麦迪逊夫人的多莉在 25 岁之前一直都偏爱灰色系的裙子，喜欢戴帽子，这种穿戴风格在当时的教友派信徒中非常普遍。

约翰·拜恩是教友派的信徒，和所有有信仰的人一样，他日常相当自律。他在弗吉尼亚州有一个庄园，不算太大，足够养活一家老小。家里有 8 个孩子，多莉是其中一个。全家人都穿传统朴素的教友派服装，相互间的称呼很客气，家里的家具摆设非常简单，全家定期做祷告。这是一个有爱的小康之家，不过家庭气氛肯定算不上特别活跃，日常用度也算不上奢华。

多莉 10 岁那年，她被送到祖母那里待了两周，祖母信仰的是圣公会教。她在祖母家第一次见到了蕾丝、珠宝、甜品、鲜亮的色彩、奢华的天鹅绒、喧闹欢快的音乐。多莉彻底着了魔，但是这些东西都是教友派所不齿的。

多莉 15 岁那年，拜恩举家迁往费城，当地的主流教派就是教友派。21 岁的多莉和一位信仰教友派的律师约翰·托德结婚了，但是好景不长，3 年后托德死于黄热病。

多莉 24 岁就成了寡妇，带着一个两岁的儿子。后来她遇到了詹姆斯·麦迪逊，并与他结合，至此，她的生命才真正展开。

时尚夫人

詹姆斯·麦迪逊自己并不是教友派信徒，他也不想入教，这样一来，当托德遗孀变成了麦迪逊夫人之后，她就被教友派德高望重的信徒们驱逐，因为她嫁给了一个非教友派人，但是多莉并不在乎。虽然后来她日常还是爱穿灰裙子，戴帽子，但是她在各种场合明确表达，她骨子里压根就不是一个教友派信徒。

詹姆斯·麦迪逊出生于弗吉尼亚富裕之家，结婚时，他送给他的新娘一条家传的项链作为结婚礼物，这是多莉除了婚戒之外佩戴过的第一件首饰。他还慷慨地给她一大笔钱，让她为自己置办一些嫁妆，多莉很愉快地照办了，多莉其实是喜欢这些东西的。

这位新的麦迪逊夫人很迷人，谈不上非常漂亮，但是长得还算不错，关键是她身上有一种说不清道不明的魅力，人们总是会被她吸引。多莉天生好品位，她喜欢鲜亮的颜色，无师自通地擅长搭配。她崇尚质感，喜欢绸缎、织锦和皮草，但是她不喜欢艳俗的东西。她不太喜欢那些亮闪闪的钻石，喜欢经典的珍珠。她的风格简约而不简单。她的朋友和熟人都为她的时尚天赋所折服，争相效仿她的穿着打扮。她的丈夫比她大 17 岁，个子矮她半个头，嘴上虽然不说什么，但是心里对这位夫人满意得不得了。他喜欢宠着多莉，多莉越受欢迎，他就越得意。

共和党王后

托马斯·杰弗逊于 1801 年就任总统，当时麦迪逊夫妇结婚已 6 年，麦迪逊已经卸任回到弗吉尼亚中部蒙彼利埃的麦迪逊家族庄园里。新任总统很快就任命他的好友麦迪逊为新政府的国务卿，于是麦迪逊和多莉又搬到了华盛顿这个崭新的首都，开始了他们传奇和热情好客的生活。

当时的华盛顿尚未建成，整个城市还是一个大工地。政府官员们，不管是选举出来的还是直接由总统任命的，不管是要谈公务还是私下聚会，都找不到合适的地方。这样一来，国务卿的家就成了聚会圣地。迷人的麦迪逊夫人很快就成了华盛顿最优秀的女主人，她每周三晚上举办的晚会几乎吸引了整个华盛顿的人。

1809 年，詹姆斯·麦迪逊当上了总统，他们搬进了白宫。当时他们每年可支配的年薪是 25 000 美金，这在当时是相当丰厚的，这样一来，多莉手头就相当宽裕了。

多莉很清楚，她生活在公众的聚光灯下，她的一举一动、一言一行都会成为别人的谈资，她想突出自己作为时尚第一夫人的形象，就像 150 多年后杰奎琳·肯尼迪那样。

多莉今天穿的衣服，明天就有人模仿。她偏爱黄色，大家就都穿黄色；她喜欢珠宝、羽毛或其他东西装饰的窄檐帽，全美国的女帽设计师就都开始设计窄边女帽，用鸵鸟毛做装饰。据说多莉比较喜欢长羽毛，因为这样会让她看起来高一些，在人群中更容易被一眼看到。虽然白宫的接待厅总是人头攒动，但是那顶装饰着大羽毛的高帽子总是一眼就能被看到，这样谁都能一下子找到多莉在哪里。

出于自己的个人魅力和对时尚的敏感，多莉甚至尝试过将法式时尚介绍到美国，浮夸的法式时尚在当时被很多人认为伤风败俗。低胸高腰的法兰西帝国袍、胭脂、女士鼻烟，要是换了别人，肯定会把大家吓死。但是要是麦迪逊夫人穿法兰西帝国袍，抹胭脂，吸鼻烟，就变得让人可以接受了。

多莉·麦迪逊被誉为共和党王后，倒不是因为她高高在上，拒人千里，其实她恰好相反，热情友好，平易近人，与人交往的时候非常平等。她会邀请达官显贵，也会邀请身份卑微的人，社会各阶层的人都是她的座上宾，她希望大家都能平等交往。之所以叫她"王后"，是因为她在社交中的巅峰地位，她是每一个人追随的对象。她很在意她的地位，但是同时，以她一贯的特立独行的方式，她又没有把自己太当回事。

詹姆斯·麦迪逊85岁辞世，多莉在丈夫死后又回到了阔别25年的华盛顿。当时多莉已经70岁了，她受到了当地人民的热烈欢迎，不同的是，人们不会再追着模仿她头上那顶过时的窄檐帽了，也不会模仿她身上穿的她最爱的那条裙子（她还为裙子配了一条符合她年龄的手绢），再也没有人注意她的穿着打扮了。人们爱的是多莉本人，她依然是大家心中的"王后"。

浅黄色就职礼服

当詹姆斯·麦迪逊当选为总统的时候，他的夫人已然是位重量级的一线明星了，无人不知，无人不晓。

乔治·华盛顿的两次就职典礼，一次在纽约，一次在费城，都是非常庄严的场合。在这之前，还没有一个民选政府有过这样的就职典礼，因此这两次就职典礼，气氛一点也不欢欣鼓舞，反而显得有些肃穆。用《圣经》的话来讲，就是让人有些望而生畏。玛莎·华盛顿也是在就职典礼前几周才抵达华盛顿的。

约翰·亚当斯就职的时候阿比盖尔也没在他身边，她当时回到马萨诸塞去照顾约翰临终的老母亲了。

托马斯·杰弗逊接收了崭新的空无一物的白宫，一个月之前，阿比盖尔还在这里的东厅里晒衣服。托马斯喜欢那种一张小桌子围坐十几个谈得来的客人的感觉，不太喜欢人山人海的拥挤。他作为南方人的那种好客永远是优雅亲切的，但是他夫人死后他一直独身一人，没有再娶，这一点跟他的副总统阿伦·伯尔一样。托马斯的女儿玛莎·兰道夫当时要照顾自己 11 岁的孩子，因此没办法随时待在白宫代自己已过世的母亲尽第一夫人的职责。华盛顿最有名的女士就是当时国务卿麦迪逊的夫人。于是时不时地，总统就要邀请多莉去白宫代尽第一夫人的职责，尤其是在那些必须有第一夫人出面的场合。

在华盛顿这个飞速发展的城市里，这样的场合越来越多，因此外向开朗的多莉干脆敞开自家大门，给大家提供一个开会、聚会以及进行非正式政治活动的场所。

华盛顿的社会活动领域

华盛顿的大部分官员，不管是国会议员还是外交官，都住在公寓、客栈或者酒店中，很少有人携妻带子赴任。因此，美国初期的几任总统上任时，华盛顿只能算是一个镇，比村子大不了多少。那么人们到哪里聚会，到哪里认识新朋友呢？这些政客们到哪里可以私下聊聊时下热议的事情呢？

时髦的有一定社会地位的女士的客厅和沙龙就是一个好的选择，在这些选择中，首选的就是国务卿麦迪逊的家。达官显贵们都蜂拥到麦迪逊家赴午宴、招待会、茶会、晚宴。多莉自己也乐此不疲，一周可以在家里开几场。多莉是社交天才，长袖善舞，就连那些持不同政见的人也喜欢到她家里来，他们知道多莉一定会欢迎。她还有一种人所不能的能力，能够把她所有的朋友和钦慕者们都笼络在身边，无论男女。就算是最雄辩的政客也会收敛自己，唯恐冒犯了迷人的女主人。所有人都对多莉赞不绝口。最重要的是，这些赞美是真心的，这些朋友也是真心的。

第一场就职舞会和舞会礼服

1809 年，詹姆斯·麦迪逊就任总统时，华盛顿已经发展起来了，美国也已经不再是一穷二白，美国政府已经成立了 20 年。作为一个社交达人，麦迪逊夫人决定在国会大厦旁边的隆斯酒店举办一场就职舞会，用这种方式来庆祝。总统签发了 300 多份邀请函，这是华盛顿建市以来第一次见证如此多的宾客同时出现在一场舞会中。现场的服务生和糖果糕点师都雇好了，乐师也请好了，装饰品都到位了，上百支蜡烛也已经点亮了整个舞池。华盛顿所有有头有脸的人都来了，跳舞，吃喝，尽情欢愉。

多莉展现了前所未有的才能，她穿着一件浅黄色的礼服，戴着羽毛装饰的窄檐帽，第二天浅黄色和窄檐帽就火了。她 40 岁的时候达到了自己颜值的顶峰，不是通常女性那种阴柔之美，而是有几分帅气。她个子中等，体态匀称，她的丈夫詹姆斯·麦迪逊则显得有些矮小瘦弱。记载显示麦迪逊的身高大概是 5 英尺到 5 英尺 6 英寸之间，他的体重则一直保持在 125 磅以下。

当时最负盛名的肖像画家吉伯特·斯图尔特为多莉画了一幅漂亮的肖像画，画上的刚刚上任的第一夫人多莉穿着就职礼服，没有戴她那顶窄檐帽。这幅画在后世的知名度可能不及乔治·华盛顿和玛莎·华盛顿的肖像，但是这是画家自己最爱的一幅。画上的多莉穿着浅黄色的帝国袍，低领金边，是典型的麦迪逊夫人的着装风格。除此之外，斯图尔特还敏锐地捕捉到了麦迪逊夫人碧蓝的眸子中的热情和友善。

不过舞会上最点睛的一笔并不是多莉的服装，高潮出现在晚宴上，多莉·麦迪逊一如既往地坐在了餐桌的上座，替她那不善言辞的丈夫去应付主客之间的觥筹交错。这位新任的第一夫人两边坐的分别是法国和英国的公使，当时这两个多年敌对的国家正在交战，要是换了其他场合，这两国的公使根本不可能共处一室，更不要说还同坐一桌。但是他们都是麦迪逊夫人的钦慕者，都不愿意让她不高兴。只有多莉能有这样的外交能耐，多莉·麦迪逊就这样穿着华美的服装创造了一个又一个的奇迹。

总统就职舞会就这样成了每 4 年一次的保留节目，一直持续了 200 年。

窄檐帽

多莉·麦迪逊的各种形象，不管是她生前让画师画的还是过世后画师根据想象绘制出来的，都戴着那种窄檐帽，这简直成了她的标志，在19世纪早期流行了起码10多年。

其实人们模仿的并不是窄檐帽本身，而是戴窄檐帽的人，这就跟150多年以后人们疯狂追捧杰奎琳·肯尼迪的圆盒帽一样。多莉·麦迪逊具有超凡的个人魅力，因此，就算她顶的是个花盆，也会立马成为新的时尚被人们模仿。多莉出生在教友派信徒家庭，她现在的样子与她幼时受到的教育完全背道而驰。不过多莉自己也多次承认，她骨子里并不是教友派的信徒，她就是喜欢这样浮华轻松的生活，热爱时尚。

帽子？停

20世纪中叶之前，女人的衣橱中总少不了帽子。只要是淑女，出入公众场合就必定要戴帽子，有些人在家里都戴帽子。不同年龄的女人有不同的帽子，很多人还不止一顶。每个时代的帽子都有自己独有的流行款式，殖民地时代流行穆斯林式的或蕾丝装饰的蘑菇帽，后来流行的是装饰繁复的庚斯博罗帽，再后来就是多莉·麦迪逊喜欢的壮观的窄檐帽了。到了19世纪，流行的款式又变成了缎带装饰的无边呢帽。

据说这种窄檐帽设计的初衷是为了纪念杰弗逊总统上任不久后打赢的那场北非的巴巴里海岸之战，不管这种说法是否属实，或者仅仅是巧合，这种用软软的布料做成褶皱装饰的帽子，是当时的第一夫人多莉·麦迪逊的最爱。正是由于大众对她的时尚品位和对她本人的喜爱，这种帽子很快流行起来，几乎每一个女帽设计师和女帽制造商都在做这种款式的帽子。

著名的多莉研究历史学家、学者卡瑟琳·欧格认为，窄檐帽让多莉在一个人头攒动的空间里更有辨识度。多莉本人个头中等，但是穿上高跟鞋，戴上窄檐帽后，她一下子就高了几英寸。一顶明黄色或者白色的窄檐帽，配上鸵鸟或者白鹭的羽毛，在人群中非常醒目，人们一眼就能找出女主人在哪里。

多莉·麦迪逊终生都戴这种标志性的窄檐帽，就算她卸任第一夫人后，搬离了白宫，就算女帽的流行款式变更了一轮又一轮。在现有仅存的几张照片上——多莉老年时代已经出现了照相机——年迈的麦迪逊夫人都戴着她的窄檐帽，只是上面没有羽毛装饰。

旧衣服的故事

多莉·麦迪逊退休后的生活并不多彩。1817年，这位前第一夫人和前总统麦迪逊一起回到了蒙彼利埃，回到了麦迪逊家族位于弗吉尼亚中部的庄园里，在接下来的20年中，他们夫妇俩就一直生活在那儿。麦迪逊，美国最后一位开国元勋，以85岁的高龄辞世。

多莉·麦迪逊比她的丈夫小17岁，她丈夫辞世的时候她年近70。虽然她身体还算硬朗，但毕竟年事已高，加上1836年的医疗水平有限，她时不时地头疼，身上疼，关节会嘎巴响，实在不舒服了她还会呻吟几声。

退休后在蒙彼利埃的那20年的生活跟多莉之前在华盛顿中心过的那种生活迥然不同。虽然在蒙彼利埃她的家也是门庭若市，人们对她有一种南方人特有的热情，但是她再也用不着那么大一个衣橱了，也不需要过去那样奢华的衣服了。她以前的旧衣服可以轻轻松松地应付现在的日常需要。

多莉还有一个很有趣的事情：她多年来一直保持着体形不变。我们从她老年仅有的几张照片可以看出，她老年时候的体形跟年轻时相比几乎没有多大变化，身高体重都没怎么变。她穿这些旧衣服的时候应该感谢岁月和地心引力对她的宽容，因为这些旧衣服依然合身。

维持蒙彼利埃庄园的日常运作让她疲惫不堪，她丈夫健在的时候也觉得自己年事已高，管理庄园日渐力不从心。庄园逐渐衰败，赢利都困难，经济压力越来越大，农业本身靠天吃饭，没有定数，多莉的儿子拜恩·托德的懒散更是让他们雪上加霜。多莉带着拜恩嫁给詹姆斯·麦迪逊的时候拜恩才两岁，他长得跟他妈妈一样好看迷人，生活优渥，但是他懒，20岁左右就开始酗酒，玩女人，赌博。这么多年，他那个善良的爸爸为他还的债远不止8万美金，多莉知道的只是冰山一角，多莉决定把庄园卖掉。

麦迪逊逝世一年后，多莉回到了华盛顿，这个她阔别了20年的城市，这个城市已经旧貌换新颜，这个当年的小村庄如今已经是富足的城镇，随处可见商店、酒店、餐馆，还有几百栋民房。令麦迪逊遗孀高兴的是，她的那些老熟人几乎都还健在。偿还了麦迪逊家族的债务之后她已经没有多少钱了，虽然她已经不可能像当年一样大手笔地频繁招待宾客，这也没关系，现在是人们邀请她了。当时有这样一种说法，没有女神麦迪逊夫人参加的聚会就算不上聚会。

照片能真实地记录一个人的容貌，让我们不再依赖画师的天分了。当时华盛顿的显贵们都想照张相，留给子孙后代看。麦迪逊夫人绝对是华盛顿最重要的人物之一，算得上是国宝，因此在她晚年的时候，在不同的场合都拍过照。这些照片拍摄于不同的时期，有的照片之间隔了好几年，拍照地点也不相同。但是每张照片里她都穿着同样的旧衣服，戴着同样的窄檐帽，那条旧裙子看起来是她最好的衣服了，只要有重要场合她就穿这条裙子。

这条裙子是黑色的，裁剪得体。毕竟，多莉已经70岁了，又没了丈夫。它也许本来就是黑色的，因为每个女人的衣橱里都少不了一件这样在哀悼的场合用的衣服。也有可能衣服本身不是黑色的，因为多莉一直偏爱彩色，她在做第一夫人的时候，衣橱就像一个调色盘，充斥着各种高饱和度的鲜亮颜色。这条裙子很可能是后来重新染色，因为时间长了，衣服会褪色。而且，随着年龄的增长，再穿花里胡哨颜色的衣服会让人显得过于刺眼，显得有点不够庄重。从这些照片上我们也能看到，年迈的多莉用了一条白手绢来掩盖裙子的低领口，这也让人怀疑这条裙子是不是重新染过色。低胸裙在当时已经不流行了，丧服的领口通常都是比较保守的。多莉虽然一直很时髦，但是她不傻，她懂得，在人生的某个阶段，得体远远比时髦来得正确。

但是白色的窄檐帽似乎一点都没变，潮流来了又走，由她引领起来的窄檐帽的风潮劲吹了40年，现在终于让位给了用缎带、绢花装饰的无边呢帽，帽子两边还有丝带，戴上之后可以绕过耳后在脖子那里系一个漂亮的蝴蝶结。多莉还是需要省下钱来宴请宾客的，就这样，她也只能每月在她租来的小房子里请一次客。为了赶时髦而去买一顶无边呢帽根本就不现实，那顶白色的窄檐帽还得继续发挥余热。

多莉的衣服旧了，也不再时髦了，但是多莉本人却风采依旧。 她还像过去一样受欢迎，惹人爱，还像过去一样不断地结识新朋友。因此，就算她穿的是几十年前的旧衣服，也没人介意，没人会说闲话，没人会嘲笑麦迪逊夫人寒酸。在她身上充分体现了时尚是人，而非物。

一件衣服如果多莉·麦迪逊穿在身上，不管这衣服有多旧，不管其间时尚风向怎么流转，这件衣服永远不会过时。她的影响力非凡——就算到了那个年龄，依然不减当年。

伊丽莎白·科特莱特·门罗

出生日期：1768 年 6 月 30 日

出生地点：纽约州纽约市

父母：劳伦斯·科特莱特，

　　　汉娜·阿斯宾沃·科特莱特

丈夫：詹姆斯·门罗

结婚日期：1786 年 2 月 16 日

子女：伊丽莎·科特莱特·门罗·海，

　　　玛利亚·赫斯特·科特莱特·古汶纽尔

做第一夫人时间：1817—1825 年

逝世日期：1830 年 9 月 23 日

墓地地址：弗吉尼亚州首府里士满的好莱坞墓园

影子与胭脂

作为做了整整 8 年第一夫人的女性，伊丽莎白·门罗受到的关注远远不够。

伊丽莎白·门罗的父亲在法印战争期间做过英国的军官，战争结束后他选择留在殖民地，在纽约结婚定居。关于伊丽莎白的父母、家庭记载不多，只知道她出生在一个小康之家，她整个成长过程中受到的教育都是愉悦的，有明显女性化倾向。她个子娇小，还不到 5 英尺高，从她现存的裙子来看，她穿衣服的尺码大概相当于今天的 2 码。

伊丽莎白 18 岁那年嫁给了詹姆斯·门罗，他比她大 10 岁，比她高 1 英尺。他在美国独立战争期间曾在乔治·华盛顿将军手下做侦察员，后来又跟随当时的弗吉尼亚州州长托马斯·杰弗逊学法律。他是弗吉尼亚州立法委员会的委员，还作为代表参加了美利坚合众国制宪会议。毫不夸张地说，当他和伊丽莎白结婚的时候，门罗已经有了一定的社会地位，前程似锦。当然，从经济上来讲，还是有一些不足。

两个人婚后不久，夫妻俩被总统乔治·华盛顿派驻国外，此后的十几年间，夫妇俩一直在各个外交岗位上工作。伊丽莎白在巴黎、伦敦、马德里进入了与美国本土完全不同的社会，在这些地方的经历也让她对形式和实质之间的细微差别有了更深切的见解。

作为一个如此瞩目的参加过独立战争的人物、如此杰出的外交官背后的女人，伊丽莎白几乎不为人所关注。她似乎没有什么实实在在的成就，只有一些淡淡的痕迹。这可能是因为她命不好，上一任第一夫人多莉·麦迪逊红极一时，风头太劲，也有可能是她在做第一夫人时就一直不太受欢迎。欧洲的那些浮华之风对她产生了负面影响，美国民众们都觉得她爱摆谱，不够亲民。

詹姆斯和伊丽莎白夫妇育有两个女儿，两个孩子之间相差15岁。中间还有过一个儿子，但是夭折了。其间可能有数次流产，不过也没有史料可考。门罗夫妇和亚当斯夫妇不同，后者的生活被事无巨细地记在了史料中，而前者则更愿意保持自己私生活的私密。因为门罗夫妇一辈子绝大部分时间都在一起，少有两地分居，所以两个人之间的往来信函也很少。

在法国逗留期间，伊丽莎白目睹了暴政统治和拿破仑的崛起，要是她当时记日记的话，这些回忆录一定会引人关注，但是我们没有发现她的日记。大女儿伊丽莎被送到了修道院学校，在那里和约瑟芬的女儿，也就是后来拿破仑皇帝的继女，奥通斯·博阿尔内成了好朋友。奥通斯长大后嫁给了拿破仑的弟弟，接着成了荷兰的王后。伊丽莎和奥通斯之间的友谊延续了一辈子，这种王室之间的友谊在门罗家族的女性身上体现得非常明显。

伊丽莎白在法国

实际上我们现在知道的关于伊丽莎白在法国的那段生活的唯一信息就是，她一直被称为"美丽的美国女人"（法国人觉得她很迷人），被誉为从断头台上救下拉斐特夫人之人。当时美国刚刚独立，拉斐特侯爵在美国人民眼中是一个大英雄，乔治·华盛顿总统视他为挚友。拉斐特投桃报李，他给大儿子起名为乔治·华盛顿·拉斐特，以向孩子的教父致敬。侯爵跟詹姆斯·门罗年龄相仿，两个人之间的友情始于美国独立战争，持续了一辈子。18世纪90年代，在法国恐怖时期和随后的一段时间里，拉斐特被奥地利人逮捕入狱，拉斐特夫人也被送进了巴黎的监狱，仅仅因为她的贵族身份，他们判处她死刑，要送她上断头台。

虽然华盛顿总统与拉斐特家族私交甚笃，但是他需要掌管刚刚成立不久的美国，保证这个国家没有任何的政治阴谋和显而易见的徇私偏袒。当时的美国没有多大国际影响力，任何动作带来的结果都是弊大于利，因此，当时华盛顿总统给门罗公使的命令语焉不详，言辞谨慎。

后来发生的事大家都知道了，这位美国驻法公使让自己的夫人坐着马车，身上佩戴着美利坚合众国的国徽，公开到监狱里探望拉斐特夫人。监狱里的看守看到这位个子娇小的女人似乎都惊呆了，拉斐特夫人更是不敢相信自己的眼睛。两位夫人之间到底说了什么现在无从考证，但是有一点是肯定的，第二天拉斐特夫人就被释放回家了。

伊丽莎白·门罗在旅居欧洲期间另一个为人称道的事情就是她发现了化妆品，这在当时的欧洲大陆是非常普及的。一种说法是她学会了如何细致地把胭脂涂得好看，很可能是她在19世纪回到美国之后把胭脂带给了多莉·麦迪逊，所以多莉一直用胭脂。

门罗夫人看上去比她实际年龄要小得多，起码大家都这么说。她做第一夫人的时候已经年逾40，都有孙子了，但是外人看到她总觉得她起码比实际年龄小10岁，这很可能是因为她一直都低调地躲避着聚光灯。

重要的补充

伊丽莎白当然算得上是一位低调的第一夫人，她与一件实实在在的国宝之间的关系也很低调。她的曾孙女，罗斯·古弗尼尔·霍斯收藏了几件伊丽莎白的私人物品，还有其他几位第一夫人的一些私人物品。在20世纪早期，霍斯夫人把这些私人藏品捐赠给了史密森学会博物馆，这成了该博物馆著名的第一夫人服饰展的发端。

 路易莎·凯瑟琳·约翰逊·亚当斯

出生日期：1775 年 2 月 12 日

出生地点：英国伦敦

父母：乔舒亚·约翰逊，凯瑟琳·露丝·约翰逊

丈夫：约翰·昆西·亚当斯

结婚日期：1797 年 7 月 26 日

子女：乔治·华盛顿·亚当斯，小约翰·亚当斯，
　　　查尔斯·弗朗西斯·亚当斯

做第一夫人时间：1825—1829 年

逝世日期：1852 年 5 月 14 日

墓地地址：马萨诸塞州昆西市美国第一教区教堂

传家的面纱

路易莎·凯瑟琳·约翰逊·亚当斯算半个美国人，她父亲出生在马里兰州，但是成年后就移居英国。他在那里有了自己的事业，结婚生子，有了自己的家庭。路易莎出生在伦敦，在巴黎读书，她从出生开始就注定了长大后会做外交官夫人，在世界舞台上崭露头角。她从小就是个美人，受过良好的教育，天赋卓越，上得厅堂，下得厨房。

她与约翰·昆西·亚当斯订婚，并于1797年完婚，这是一桩政治联姻。约翰·昆西·亚当斯当时是一位前程似锦的年轻外交官，其父是当时的美国副总统。不幸的是，当年轻的亚当斯夫人回到美洲大陆的时候，她受到了新英格兰的婆家人的冷落。

虽然后来约翰·亚当斯对这个英国出生的儿媳妇的态度渐渐好转，路易莎也慢慢学会了如何与自己的公公相处，但是她和她那位令人敬畏的婆婆之间的关系却一直不好。阿比盖尔一直都不明白自己的儿子这么聪明，在婚姻上怎么会这么不明智，她很是不屑，不相信她那养尊处优的英国媳妇能够过苦日子。

不过，阿比盖尔显然想把她那诗意的面纱传给这个迷人但是适应能力不够好的儿媳妇。这面纱当然应该是用来遮掩那些不能与外人分享的个人内心的私密感受的，就算万一外人窥探到这些感受，那也是他们通过跟这个家庭的长期相处来推测出来的，也不能说出来。路易莎，就像阿比盖尔年轻时候一样，喜欢写日记、写信。她绝大部分的信件都措辞谨慎，她的日记时不时地会掀开她的面纱一角，暴露她的内心和灵魂。

路易莎·凯瑟琳·亚当斯很长一段时间都郁郁寡欢，对家人关注不够。种种迹象显示，虽然约翰·昆西脾气暴躁，控制欲极强，但是他的确深爱他的夫人，只是拙于表达。他也无法像他的父母一样自由随意地向对方表达自己的关心和尊重。绝大部分时间，他只让路易莎去做那些女人干的活儿——去整理一下屋子，照顾一下孩子之类的，当然也会有例外，那就是他需要她展示自己的社交魅力的时候。

约翰·昆西·亚当斯喝酒喝得很厉害，他的个人性格形成期是在欧洲各国的首都度过的，因此，他和绝大部分欧洲人一样，早早就尝到了酒的甜头。但是约翰·昆西·亚当斯从不酗酒，或许是因为他目睹了他的兄弟查尔斯和托马斯酗酒的下场。

约翰·昆西·亚当斯和夫人路易莎也生了3个儿子，其中两个都没有摆脱史密斯家族和亚当斯家族的古老魔咒，只有跟他倒霉的叔叔查尔斯同名的小儿子，没有辜负父母对他的厚望。

后来乔治和约翰回到家里，但是由于亚当斯家族血缘中清教徒式的性格，家人重聚并不如想象中那般温馨，这种过分的冷淡和不近人情在约翰·昆西·亚当斯身上表现得尤其明显。他志向高远、不屈不挠，对自己孩子寄予了厚望。每每孩子们不听他的说教，不愿按照他的计划亦步亦趋地生活的时候，他就会加倍严厉地管束他们。路易莎面对她强势的丈夫完全无力反抗，因此，孩子们一天天变得越来越沮丧，对自己也越来越没有信心。

全家搬回美国之后，孩子们一个个进了哈佛大学，然后不出意料地当了律师，虽然这个职业完全与他们自己的天赋和意愿无关。

查尔斯叔叔的侄子

乔治·华盛顿·亚当斯，他的名字源于美国的第一任总统乔治·华盛顿，他是一个多愁善感的文艺青年，这一点更像他的妈妈。他长相英俊，颇有魅力，爱上了路易莎的侄女玛丽·海伦，这个妖艳轻佻的年轻姑娘在父母离世后就跟着亚当斯叔叔一家一起住在华盛顿。他俩本来已经打定主意要结婚了，但是后来乔治去了马萨诸塞，在那里吊儿郎当地做起了律师之后，他就把这个妖艳的堂妹忘到了九霄云外。乔治的弟弟小约翰也很帅，而且跟玛丽朝夕相处，因此玛丽就把目标转向了小约翰，并且最后如愿以偿地跟小约翰结了婚。这样一来，乔治就成了一个情场失意、工作失败的人，尤其是在他爸爸看来。虽然他从来没有见过他的叔叔查尔斯，但是查尔斯身上的魔咒似乎同样势不可当地向乔治袭来，最终让乔治重蹈了查尔斯叔叔的覆辙。他开始酗酒、不思进取、终日沉溺于儿女之情，似乎这样才能弥补儿时没有得到的亲情，就这样，他一天一天地沉沦下去。

1829 年，约翰·昆西·亚当斯准备卸任总统一职，他差人去找他固执的大儿子回家。乔治很顺从地订了船票回华盛顿，或许是觉得无法面对父亲的失望，或者是意识到他这辈子就这样一步步坠入万劫不复的深渊，他翻过了船上的栏杆，从此下落不明，时年 28 岁。

路易莎的面纱，这个隐藏她一切痛苦、失落、失望以及自身无助感的面纱，严严实实地遮住了她的灵魂。她这一辈子都坚称乔治死于意外，其实大家都心知肚明，她自己也应该是心知肚明的。

托马斯叔叔的侄子

如果说乔治·亚当斯像他的叔叔查尔斯，那么小约翰·亚当斯就跟他的叔叔托马斯一样，是一个有一定自制力的酒鬼。

约翰·昆西·亚当斯当选总统后，他让二儿子做他的秘书。玛丽·海伦，小约翰任性的小跟班，一定要跟着他去白宫。在白宫她遇到了她当时的未婚夫的弟弟，并与他日久生情，这当然是当时的第一夫人所不想看到的，她最不想看到任何悲剧发生。

两个年轻人之间的感情飞速发展，很快就到了谈婚论嫁的地步。在路易莎的坚持下，小约翰和玛丽在白宫举行了婚礼——这是史无前例的。婚礼规模不大，大儿子乔治和小儿子查尔斯·弗朗西斯都没有出席。

但是小约翰还是命不好，他的事业发展得并不顺利，律师当不下去，做生意也失败。于是他走上了托马斯叔叔当年那条路，开始酗酒。常年酗酒拖垮了他的身体，31岁就病死了，死后留下了两个女儿。

有人认为，约翰·昆西·亚当斯夫妇共同承受了大儿子和二儿子的英年早逝，反而让他们常年紧张的关系得到了缓和。小孙女对路易莎奶奶的天性也是一种正面的释放，如果说男孩需要严加管束的话，那么小姑娘就是用来宠爱的。约翰和路易莎夫妇的晚年是他们婚姻生活中最和谐的一段时光，也是两个人共度的最幸福的时光。

路易莎生活中所有的不愉快、不安全感、价值感的缺失都留给了她的日记。她那诗意的面纱一直都完好地保留着，用来掩盖她生活中的种种不如意。多年以后，当她的小儿子查尔斯·弗朗西斯在整理祖母阿比盖尔的文字材料用以出版的时候，他向年迈的母亲求教。读着这些年代久远的信札和日记，路易莎感慨万千："我多希望我当年能够多理解她一些啊。"阿比盖尔和路易莎这婆媳之间其实有太多相似之处，只是她俩从来都没有意识到。

没有礼服穿的路易莎

约翰·昆西·亚当斯当时已经是一颗冉冉升起的外交新星，又是副总统家的公子，因此他是每一个女人心中的白马王子。路易莎·凯瑟琳·约翰逊出生在马里兰州一个富商之家，全家在独立战争之前就搬到了伦敦，从小接受良好的教育，受到的社交培训也与她的阶层相符。但是1797年在路易莎和约翰·昆西的婚礼上，新娘的父亲乔舒亚·约翰逊向新郎坦陈，他的生意遇到了重大的挫折，如果新郎希望新娘有一笔丰厚的嫁妆，这样才能不担心新娘娘家的经济现状的话，那么新郎会失望的。事实是婚后整个约翰逊家族都回到了美国，靠着跟亚当斯家族的姻亲关系，在政府部门谋一份级别不高的职位打发余生。

跟他父母的情况一样，约翰·昆西·亚当斯经济宽裕，但是一辈子都谈不上富庶。

亚当斯夫妇在俄国

1809 年，41 岁的约翰·昆西·亚当斯受当时总统詹姆斯·麦迪逊指派到俄国圣彼得堡做全权大使，当时俄国沙皇是亚历山大，这在当时是欧洲大陆最重要的一个外交职位了。路易莎哭成了泪人，因为她固执的丈夫一人就把事情都安排完了，完全不考虑她的意见，把 11 岁的大儿子乔治和 9 岁的二儿子小约翰留在马萨诸塞读书。只有小儿子查尔斯·弗朗西斯跟着他们夫妇去了欧洲，因为小儿子当时还是个尚未断奶的婴儿。这段经历对路易莎来说是痛彻心扉，在俄国生活的 5 年给她的心里留下了一些阴影，也是她毕生难忘的经历。

拿破仑时期的沙皇帝国一方面富丽堂皇，另一方面还随处可见中世纪农奴制的原始粗俗。幸运的是，沙皇很喜欢并尊重这位美国公使，对他很有礼貌。不管是不是中世纪，宫廷礼仪都要求人们表现出绝对的顺从。宫廷的习俗是神圣不可侵犯的，像俄国一样是统治者的独裁，形式高于一切，每一个与皇室打交道的人都需要严格地遵守宫廷习俗。

约翰·昆西·亚当斯没有什么个人财富好依仗，他的收入按照 19 世纪早期的美国标准来讲算是很丰厚了，仅次于当时总统的收入，但是光靠这笔钱就想达到俄国皇室的生活标准是远远不够的。欧洲各国的公使都是贵族出身，家底深厚。

更糟糕的是，美国和俄国之间隔着一个大洋，从美国到俄国，光在海上就需要花几周的时间，然后还有一段长长的陆路，拜拿破仑战争所赐，路上还有未知的风险。这样一来，往返的信件，还有约翰·昆西的薪水支票，常常都无法按时送到。因此，亚当斯夫妇必须精打细算地过日子，他们可不好意思找人借钱。

宫廷礼服是当时宫廷礼仪很重要的一部分，有些国家到今天依然如此。男士服装的每一个细节，长裤和马裤的长度，羔皮手套的质地，还有其他各式各样的种种烦琐的细节都要一一注意到，这些在当时都非常重要。女士们的礼服当然是要最时尚、最昂贵的，还要有珠宝首饰、舞鞋、扇子、皮草和其他种种配饰。如果说男人的服装决定了他是否能成功，那么女人的服装就决定了她是否能引人注目。

路易莎在华盛顿的时候是当地最时髦、穿得最好的女人，但是这里是圣彼得堡而不是华盛顿。我们在一份记载中看到，路易莎曾向沙皇道歉，因为她浑身上下都"不舒服"，所以约翰·昆西只能在没有夫人陪伴的情况下独自去参加舞会。实际情况是亚当斯夫人的那条银色薄纱的舞会裙子，也是她唯一一条能出入皇宫的体面的裙子，已经被她穿着出席过很多公众场合了，她已经用蕾丝、缎带之类的东西给裙子重新装饰过，还改过袖长，改过领口的款式。所以这次舞会，她必须要穿一条新的漂亮的礼服裙才说得过去了。但亚当斯夫妇却买不起这样的一条裙子。

温暖的斗篷

路易莎斗篷的故事表面上是一篇正常的有关着装的文章，其实有着它自己的隐喻。作为美国驻沙皇俄国全权公使的夫人，路易莎·凯瑟琳·亚当斯在圣彼得堡住了5年，那里的冬天极冷。当然她有一件温暖的斗篷，类似于皮草那种，她很可能有不止一件，应该还有皮草毯子，因为这些东西在那里是生活必需品，算不上奢侈。

1814年，美国与英国之间的第二次战争没有任何的进展，双方决定协议停战，约翰·昆西·亚当斯当时是欧洲的高级外交官，被派往根特去负责这次停战谈判。他出发得很匆忙，把妻儿都留在了俄国，当时小儿子只有6岁。几个月后，他托人带回了这样一条信息："把你所有的必需品打包，要买什么都买好，不需要的东西就都卖掉吧，到巴黎来跟我会合。"

于是一直以来都在丈夫羽翼保护之下生活，大小事务都由丈夫拿主意，似乎被聪明专横的丈夫所忽略的路易莎·凯瑟琳·亚当斯，在她快40岁的时候需要承担起更多的责任了，虽然她对于未来将要面临的困难一点经验都没有。凑巧的是，她的婆婆阿比盖尔也是在这个年纪独自带着孩子和仆人千里迢迢地去欧洲和她丈夫会合的。

路易莎很听丈夫的话，一条条都按照他的指示办了。她卖掉了家具和一些不需要的东西，买了圣彼得堡最好的马车，其实做工还是不好。然后雇了一个司机、两个仆人，把家里的细软都打包好。她还去看了看他们最后一个孩子的墓地，那是个女儿，出生不久就夭折了。这个孩子生在俄国，死在俄国，死后也永远埋葬在了俄国的土地上。路易莎向大家正式道了别，隆冬时节出发，开始了长达 600 英里的穿越北欧之旅。她下定决心要让她那刚愎自用的丈夫看看自己的夫人是多么神通广大，希望她的语言天赋能助他一臂之力：她会说一点俄语，德语也会说，能说一口流利的法语，法语在当时可是欧洲通行的语言，当然，她还会说英语。

这一路他们沿着前车碾压出来的泥巴路走，整整走了 6 个星期，一路穿过了许许多多的小城镇，也就是今天的爱沙尼亚、波兰北部、德国北部等地区，最后终于到达了法国北部。

整个旅程按计划是沿着村庄、城镇一站一站往下走，希望能在村庄和城镇找到客栈歇脚，有温暖的壁炉，可以买到马匹，有暖和的被褥和美味的晚餐。路易莎天真地以为只要当地的人认出了她是美国外交官的夫人，那么一路上她还能享受外交官夫人的待遇。

她的马车似乎有规律性地出问题，马车车夫、当地的向导和随从都靠不住，都不是老实人。雪上加霜的是那一年北欧出现了极端天气，极寒的天气滴水成冰，接下来突然又遇见了融雪，土壤解冻，还有连日的大雨、大雪。有几次他们连一个可以容身的小旅馆都找不到，这样一来，路易莎温暖的披肩和那条皮毛毯子就成了避难所，她把儿子紧紧抱在怀里，躲在马车里面，听着外面呼啸的风声——风声里偶尔还夹杂着附近森林里野狼的嚎叫。

如果这种恐惧和艰苦的条件还不足以摧毁一个为宴会和舞会而生的高贵女性的决心和耐力的话，那么还有更糟的消息。她很快得知，刚被废黜的拿破仑·波拿巴从他的流放地厄尔巴岛逃脱了，正在重组军队准备卷土重来。路易莎所到之处随处可见衣衫褴褛的士兵正在聚集，准备打仗，有要再次打倒拿破仑的，有要支持拿破仑东山再起的。一个坐着俄国马车，带着一个年幼的孩子和两个随从的贵妇人很容易让人起疑心。但是她一口地道的法语和近20年的外交手腕帮了她的忙。

有一次，穿着政府制服的士兵们威胁她说要拆了她的马车，她急中生智地把小儿子头上的军帽拿过来戴在自己头上，然后握着儿子的玩具宝剑在空中一边挥舞一边用法语高呼："法兰西万岁！皇帝陛下万岁！"这样一来，士兵们居然放行了。

这段艰苦的旅程却是路易莎最好的日子，因为在这段日子里她完完全全是自己生命的主人，也是儿子的主心骨。她支配着整个行进的路程，自己做每一个决定。她必须把自己的恐惧感深深地隐藏起来。她的随从和她的儿子凡事都要依靠她拿主意，在之前那个花花世界里，她从来就没有做过主。

隐形的斗篷

这个惊险的旅程中最糟糕的应该就是这件隐形的斗篷了。一路上，没有一个人可以为路易莎表现出来的沉着镇定、非凡勇气、强大内心、神通广大以及卓越的领导才能做证，甚至都没有人能为她到底经历了什么做证。那两个随从还有向导们有的被解雇了，有的走着走着就走散了。儿子还小，脑海里留下的都是一些碎片。那件曾经给予她实实在在温暖的斗篷却没有给她带来任何的褒奖。当约翰·昆西·亚当斯在巴黎见到她的时候，听到她口中的那些经历，他惊呆了，他一直以为这就是一个寻常的旅行而已。

10年之后，路易莎做了第一夫人，搬进了白宫。她身体本来就虚弱，那个时候更是越来越不好了，更年期也到了，家庭的不幸福更是让她操心。她那脾气暴躁的丈夫，不太受民众的欢迎，因此很有挫败感，这样一来，她丈夫的脾气越来越坏了。本来当上第一夫人住进白宫应该是世人眼中光宗耀祖的体面事，但是对路易莎而言却是陷入了暗无天日的泥沼。

后来，路易莎为了安抚自己，根据自己那年隆冬从圣彼得堡一路辗转到巴黎，其间见证的被战争碾轧得一片狼藉的拿破仑统治下的欧洲，写了一个剧本。但这个隐形的温暖斗篷再次失败了，并没有给她带来任何的安慰，她写的这个短剧根本就没有读者，也没有观众，甚至根本就没有人知道她写过这个剧本，她给这部剧取名叫《平凡人的冒险》，写完了往旁边一放，这一放就是好几个世纪。

 瑞秋·朵尔逊·罗伯茨·杰克逊

出生日期: 1767 年 6 月 15 日 (待考)

出生地点: 弗吉尼亚州哈利法克斯县

父母: 约翰·朵尔逊, 瑞秋·斯多克利·朵尔逊

第一任丈夫: 路易斯·罗伯茨

子女: 无

第二任丈夫: 安德鲁·杰克逊

结婚日期: 1791 年 8 月登记结婚,
　　　　　 1794 年 1 月 17 日重新登记结婚

子女: 无

做第一夫人时间: 未曾成为第一夫人 (她在杰克逊
　　　　　　　　 就任总统前身亡)

逝世日期: 1828 年 12 月 22 日

墓地地址: 田纳西州纳什维尔艾米达吉庄园

就职礼服

史密森学会博物馆保留了各位第一夫人的就职礼服，这些都是无价之宝，虽然并不是每一位第一夫人的就职礼服都在这里，但是最起码近 100 年里的每一位第一夫人的就职礼服都收藏在这里。如果这里把美国历任第一夫人的就职礼服都收集齐的话，那么里面最昂贵的估计是瑞秋·朵尔逊·杰克逊为参加她丈夫 1829 年 3 月 4 日的就职典礼而准备的礼服了。

安德鲁·杰克逊于 1828 年当选总统，当时杰克逊夫妇都已经 61 岁了，身体状况不太好。虽然安德鲁活到 78 岁高龄，但是当时他有好几种慢性病；瑞秋心脏不好，时常浮肿。

杰克逊夫妇结婚 40 年，夫妻恩爱。但是两个人的婚姻中却有丑闻和各种谣言，人们风传她第一段不幸婚姻中的种种阴郁细节，最恐怖的就是她是一个离过婚的女人。更糟糕的是，她嫁给安德鲁的时候，第一段婚姻的离婚手续并没有办妥。安德鲁曾为了保护自己夫人的声誉而与人决斗，致使身体里多年一直残留着两颗子弹。

后来两个人经历了很长一段时间的分离，因为杰克逊名声太旺，政治抱负远大，雄心勃勃。瑞秋则安逸地隐居在他们位于田纳西州纳什维尔的庄园中，这个庄园有个寓意深远的名字叫艾米达吉，意为"归隐之处"，终日与自家兄弟姐妹为伴。因为她对宗教越来越痴迷，所以也就越发避世了。

没过多久，瑞秋去试衣服，看到报纸上有一则报道，又在讲她上一段不愉快的婚姻，讲她的离婚丑闻和有重婚罪嫌疑的再婚。虽然当杰克逊夫妇知道自己可能有重婚嫌疑之后就马上又重新登记结婚，但是丑闻像长了翅膀一样到处散播。旧事重提，搅动这一池浑水其实本不足以让瑞秋痛不欲生，但是这则报道说杰克逊夫人根本就不配做第一夫人，她只会让整个白宫蒙羞。

瑞秋离开裁缝铺的时候精神濒临崩溃，她的朋友把她送回了艾米达吉庄园，几天后，她心脏病突发。1828年12月22日，不幸去世。安德鲁·杰克逊一直到死都坚信，是诽谤害死了瑞秋，那些曾经造谣和散布谣言的人需要到上帝那里去忏悔，他自己永远都不会原谅这些人。70天后，悲恸欲绝的杰克逊手臂上戴着黑纱，宣誓就任美国总统。

瑞秋死后葬在她深爱的艾米达吉花园中，下葬的时候穿的就是那件为1829年3月4日总统就职晚宴所准备的白色礼服。

估计这是所有第一夫人的就职礼服中"最贵重"的一件了，瑞秋·杰克逊为它搭上了自己的命。

 茱莉亚·加德纳·泰勒

出生日期：1820 年 5 月 4 日

出生地点：纽约加德纳岛

父母：大卫·加德纳，朱莉安娜·迈克蓝沁·加德纳

丈夫：约翰·泰勒

　　（茱莉亚·泰勒是约翰·泰勒的第二任夫人，约翰的
　　第一任夫人中风后腿脚不便，逝世于白宫，约翰与第
　　一任夫人的婚姻持续了 30 年。）

结婚日期：1844 年 6 月 26 日

子女：大卫·加德纳·泰勒，约翰·亚历山大·泰勒，
　　茱莉亚·泰勒·斯宾塞，蓝沁·泰勒，里昂·加德纳·泰勒，
　　罗伯特·菲茨沃特·泰勒，佩尔·泰勒·伊利斯

做第一夫人时间：1844—1845 年

逝世日期：1889 年 7 月 10 日

墓地地址：弗吉尼亚州首府里士满的好莱坞墓园

加德纳小姐的购物袋

19岁的茱莉亚·加德纳是一个极其富有的纽约社会名媛。她的父亲大卫·加德纳是州参议员，是纽约长岛最有钱的人之一，她的母亲是一个成功富有的啤酒酿造师的独生女，娘家比夫家更有钱。茱莉亚毕业于最好的私立女子精修学院，她有最精致的衣橱，还有一辆属于自己的最时髦的马车，她去犹他州的萨拉托加温泉度假，那里是当时权贵们最常去的游乐场。

但是——这就是故事最欠考虑的地方了——纽约商人博格特和摩卡里得到了美丽的加德纳小姐的蚀刻版画，他们后来就将此画用作广告。早期的传记作家对此没有深究，认为是这两个人偶尔得到的，但是现代的历史学家更倾向于茱莉亚·加德纳自己在这件事情里起了推波助澜的作用。这样一来就有趣了，毕竟那时虽然蚀刻画和其他印刷形式已经出现了几个世纪，但是人们尚不知道照片为何物，茱莉亚的蚀刻肖像画很可能是得到了她富庶家庭的资助，但是他们应该并没有把这幅肖像画当作商品，而仅仅是作为家庭内部所有物来保存。当时只有19岁的茱莉亚应该是听信了别人的话，觉得她自己年轻漂亮，惹人爱，能吸引商人的眼光，她认为博格特和摩卡里两位先生会回赠她漂亮的丝带、最流行的扇子和最时髦的裙子。

不管出于什么目的、什么动机，结果就是这两个商人到处发传单，给他们的商品做广告。传单上印了一个年轻的名媛，手挽一个大号购物袋，上面印着"我要到博格特和摩卡里的商店购物，商店位于第九大道86号。他们的东西又漂亮又便宜"。这并不是说茱莉亚买东西还在意价格，传单上称这位名媛为"长岛玫瑰茱莉亚·加德纳小姐"。

这传单把大家吓了一跳，尤其是茱莉亚的父母。一两周后，布鲁克林的报纸上登出了一则匿名的爱情诗，献给"长岛玫瑰"，这么一来就成了丑闻。那个年代，任何一个体面人家的姑娘都不会允许自己的名字出现在报纸上，更别说是给商品打广告了。

茱莉亚自己还是很享受众人的瞩目的，但是州参议员夫妇对整件事都持反对态度，尤其是这两个人对他们的社会地位是非常在意的。为了避免事态的进一步恶化，他们举家迁徙，花了整整两年的时间到欧洲定居，这样才慢慢让整个事件平息下来。

虽然还是有人记得茱莉亚·加德纳是第一个为别人代言的，但这件事情对她一生几乎没有什么影响。在5年之内，她努力让自己爱上约翰·泰勒，这个寡居的美国总统。很快，"长岛玫瑰"就有了另外一个称呼：美国第一夫人。

 莎拉·柴尔德里斯·波尔克

出生日期：1803 年 9 月 4 日

出生地点：田纳西州莫非斯堡

父母：乔尔·柴尔德里斯，

伊丽莎白·惠兹特·柴尔德里斯

丈夫：詹姆斯·诺克斯·波尔克

结婚日期：1824 年 1 月 1 日

子女：无

做第一夫人时间：1845—1849 年

逝世日期：1891 年 8 月 14 日

墓地地址：田纳西州纳什维尔田纳西州议会大厦

扇子

莎拉·柴尔德里斯是一个典型的田纳西女性，聪慧、虔诚。她本来在莫拉维亚女子精修学院上学，但是因为父亲的突然离世不得不中断了学业。

20岁那年她嫁给了田纳西州一个志向远大的年轻律师詹姆斯·诺克斯·波尔克。传闻是伟大的安德鲁·杰克逊对这个年轻的政治家说，娶妻当娶柴尔德里斯小姐。如果事实果真如此的话，杰克逊倒真的很有眼光，这桩婚姻非常美满。

也许是因为她天生聪颖，也许是因为后天的宗教教养，也有可能是因为在柴尔德里斯家一直都有在餐桌上讨论政治话题的习惯，莎拉一直是她丈夫政治上的左膀右臂。两个人之间罕有信件，因为两个人分开的时间很少，根本没必要写信。

因为没有什么家庭负担，天生对家务没什么兴趣，也没有生育子女后的身体恢复期，加上家里的两个庄园都交给了监工打理，因此，莎拉在丈夫当选为国会议员之后，陪同丈夫一起到了华盛顿。她在国会社交圈里很受欢迎，女人们喜欢她，男人们也喜欢她。

时尚达人莎拉

人人都觉得莎拉是个美人，她个子不高，她丈夫波尔克在历任总统中算个子矮的，大概有 5.7 英尺的样子。但是她却身材很棒，眼睛闪着睿智的光。她有一头褐色的鬈发，头发上有时别上羽毛发饰，有时戴上其他装饰品。她偏爱有宝石光泽的深色调，像皇家蓝、浓郁栗色还有翠绿色，这些颜色都很称她较深的肤色。

莎拉当上第一夫人后很受欢迎，在当时，也就是 19 世纪 40 年代，由多莉·麦迪逊引领的低胸帝国装已经早就不流行了，那个年代女人的穿着较为保守。白天穿出门的衣服领口通常较高，袖子也长长的。莎拉所有的正装礼服都显示出她谨慎的时尚品位，即便在整个社会风气都很谨慎低调的年代也是如此。她的前一任总统夫人茱莉亚·泰勒比她年轻了整整 17 岁，相比起来，她身上没有茱莉亚的那种招摇的时髦。现存的波尔克夫人的画像和照片不多，但就这些画像和照片上的形象来看，她穿着体面，不过分光鲜。作为虔诚的长老教会员，她一贯小心谨慎。

做了第一夫人的莎拉·波尔克一直都很受周围人的拥戴，无论男女。她娴静端庄，聪慧过人，勤勉努力，朴素节约。在波尔克的任期内，她为了节省开支，亲自担任总统秘书，帮丈夫整理文件，誊抄信件，安排各项活动，帮他筛选出他可能会感兴趣的报刊上的文章。波尔克夫妇热情开朗，乐于社交，但是并不轻浮，说到底，他们是到华盛顿来工作的。

扇子

或许对于 19 世纪的女人来说，最重要的装饰品就是扇子了。那时珠宝是奢侈品，帽子则从古至今一直都有。女人的扇子则是必需品，特别是在发生重大变故的场合，那个时代的女人都是有扇子的。

那个时候没有空调，也没有台式电扇。衣服，特别是女人的衣服，设计出来就是用来遮盖的。女人的衣裙有厚厚的裙撑和衬裙，用一码一码的布料堆叠而成。这样的衣裙不会出错，但是又热又笨重。

当时的女性从 10 多岁开始就学着用扇子来表达很多意思了：用来调情撒娇，用来表示羞涩，或者用来彰显自己的时髦。但是扇子最基本的作用还是没有变：用来扇风。

扇子的基本形状一直都没有变过，绝大多数的女士扇扇骨都是用象牙、动物骨头或者木头做成。然后在扇骨上糊上各种布料或者专用的纸，还要加上各种装饰。大部分女人衣橱里都不止一把扇子。莎拉家庭富庶，又身为国会高级官员的夫人——波尔克一度是众议院的发言人，她的扇子更是不计其数，有的是普通活动用的，有的是非正式聚会用的，有的是晚宴或者其他重要场合用的，这些扇子都能与她衣橱里的华服配套。

史料记载她有一把扇子，时至今日都还保存完好，这把扇子是用精致的白色蕾丝制成，几乎能与所有的衣服搭配。

她所有的扇子中最著名的应该是 1845 年她丈夫在就职典礼期间送给她的那把。这把扇子由丝绸和象牙制成，工艺精美，扇面是莎拉之前所有的第一夫人的手绘肖像。这把举世无双的扇子是波尔克家族的传家宝，今天存放在田纳西州哥伦比亚波尔克家族的房屋中。

隐喻之扇

1849 年，波尔克在结束了一届总统任期之后卸任，3个月后就与世长辞了，很多人猜测是过劳死。当时莎拉只有 44 岁，在后来的 40 年中她一直寡居。她的那些扇子从此只有一个隐喻功能了：它们能够让她躲开公众的视线，她觉得这样才算是恪守妇道。据说此后她除了去教堂做礼拜，几乎从不跨出纳什维尔的家门半步。

19 世纪中期的美国深受维多利亚时代的习俗的影响，早期那种丈夫死后可以迅速改嫁的习俗已经不复存在了，取而代之的是丈夫死后妻子应该长期守寡，最好永世不再嫁。比如玛丽·林肯、卢克西亚·加菲尔德和艾达·麦金莱，这些后来的第一夫人们在各自丈夫死后也终身寡居。波尔克死后，莎拉的衣橱里就只有一个颜色的衣服了，那就是黑色。

波尔克死后莎拉一直忙于各种慈善活动，定期为孤儿举办派对，每周在家里和自己的牧师一起喝一次下午茶。绝大部分时间她都用来整理她丈夫的文件。虽然田纳西州绝大部分地区都已经成了南北战争的战场，但是，由于她的声望、虔诚和克制，波尔克府邸成了南北双方士兵的禁区。每一位路过纳什维尔的政要都会登门拜访这位前总统夫人。她自己并没有发表过任何政治观点，只是在解放农奴的法律出台之后依法解放了自己庄园里的奴隶。

不管莎拉拥有的到底是天赋还是后天锤炼的智慧，也不管她到底支持还是反对怎样的政治观点或政治哲学，不管她到底任由多少机会从她指缝中溜走，所有的这一切都在她的隐喻之扇后藏起来了。她的隐喻之扇，帮助她遮掩好了自己，躲过了公众的窥探。

或许这把扇子背后还有她自己心甘情愿选择的单调生活中无声的叹息。

 简·敏斯·阿普尔顿·皮尔斯

出生日期：1806 年 3 月 12 日

出生地点：新罕布什尔州汉普顿

父母：杰斯·阿普尔顿，

　　　伊丽莎白·敏斯·阿普尔顿

丈夫：富兰克林·皮尔斯

结婚日期：1834 年 11 月 10 日

子女：共 3 个，其中两个孩子幼年夭折，

　　　本杰明·皮尔斯（11 岁夭折）

做第一夫人时间：1853—1857 年

逝世日期：1863 年 12 月 2 日

墓地地址：新罕布什尔州康科德老北公墓

手绢

面巾纸是 20 世纪的新发明，其实，到了 20 世纪中叶，绝大部分女性还是偏爱使用传统的手绢。

手绢款式多样，颜色各异，面料更是繁多，有纯棉的、蕾丝的、亚麻的、丝绸的等等。手绢易清洗，干得快，熨烫方便简单。上面可以绣花，可以用花边装饰，还可以印上字母。手绢的价格千差万别，便宜得离谱的有，贵得吓死人的也有。绅士送手绢给女性朋友再合适不过了。所有的女性，无论什么身份地位，出门之前都会把一方洗得干干净净的手绢叠得整整齐齐地放进手袋里。

手绢的功能有很多：打喷嚏的时候可以用来捂住口鼻，咳嗽的时候用来遮住嘴，伤风感冒流鼻涕的时候可以用来擦鼻涕，有脏东西的时候可以擦一擦，还可以用来给孩子擦汗。除此之外，手绢还有社会功能，姑娘们可以把手绢送给心仪的追求者，通常的做法就是故意把手绢掉在地上让他捡到，要不就是看到心上人从窗下经过的时候，探出窗去，向他挥挥手绢，鼓励他来找自己，或者是向他依依惜别。手绢还有擦眼泪的功能。

简的故事

简·阿普尔顿·皮尔斯生长在新英格兰，大家很少把她的名字跟高兴或者是愉悦联系在一起。她性格阴郁，可能从出生起就带着一种不愉快的基因。科学早已发现某些人的基因决定了他们天生就有抑郁倾向。简的父亲是公理会的牧师，他就有抑郁倾向。据说他因为过于虔诚，过度禁食把自己活活饿死了。

简从小就是一个脆弱的孩子，好像还得过结核病。她身体不好，家里病态的宗教教育方式更是让她雪上加霜，他们告诉简上帝很严厉，再加上她无法控制的不良基因，所以简只想生活在一个小小的圈子里，可是她却没能如愿以偿。她一直努力想要回到她自己的小小庇护所，世界却一而再再而三地把她拖进一个更大的地方，一个她完全无法适应的国度。

富兰克林·皮尔斯天性欢乐，简则死气沉沉；富兰克林喜欢广交朋友，简则只跟那几个亲戚来往；富兰克林醉心于政治，喜欢广阔的舞台，而简则觉得那个圈子不干净，她害怕、退缩。

富兰克林·皮尔斯一直到 30 岁才结婚，那年简 28 岁，在当时已经算是个老姑娘了。他们结婚的时候，富兰克林在国会里已经开始崭露头角。他们的蜜月是在华盛顿度的，这让新娘子很痛苦。华盛顿的空气很糟，所以新娘子时时刻刻手绢不离手，又是鼻涕又是咳嗽的，她还掉眼泪。她不喜欢社交活动，让她更难受的是，她觉得这些人都太世俗、太功利了。于是，除了去教堂做礼拜外，她几乎足不出户。从那以后富兰克林·皮尔斯每次都是自己孤身一人去华盛顿参加国会会议。

做了妈妈的简·皮尔斯

简婚后不久就怀孕了，大儿子的到来让她高兴了好一阵子。在她看来，做母亲是女人一辈子的首要职责，是她生命存在的全部意义。哪知道这个孩子天生孱弱，只活了几个月就夭折了，为这事，她不知道哭湿了多少块手绢。

二儿子富兰克的出生，加上皮尔斯发誓说要远离政治，最起码是远离国家政治，远离酒精——这两者可一直都是他的挚爱，简暂时摆脱了长期的抑郁。皮尔斯表现出很爱他的简的样子，努力地践行自己的承诺。詹姆斯·波尔克内阁邀请他出任司法部部长，他婉言谢绝了，他还出任了新罕布什尔州戒酒协会的主席，但是他并没能把这两个誓言一直坚持到底。

两个人的第三个儿子本杰明出生的时候简已经38岁了，这是她最后一次做母亲。没过多久，4岁的富兰克就死了，这么一来，本杰明就成了简的心肝宝贝，是她生命的全部。

在那几年中，她还是过得很幸福的，她有儿子可以宠，有一个正经又顾家的丈夫。她很享受他们的牧师的定期来访。每天晚上她一边做女红一边听本杰明背诵他在学校里学到的东西，这样的生活让她心满意足。

准美国第一夫人

1852 年，美国地方主义和奴隶制的蔓延仿佛是当时的政治体制中一颗不祥的钉子，随时都可能造成全国性的瘫痪，民主党内找不出一个全国人民拥戴的领袖。皮尔斯当然对这种困境非常清楚，他也知道他对奴隶制的一贯态度让他在南方有很多支持者。他自己其实并不支持这种制度，虽然奴隶制在当时是受宪法保护的。他的新英格兰人和非奴隶主的双重身份让他在北部地区也很受欢迎。他一边暗自为他的提名拉票，一边安抚他的夫人说他离开政坛太久了，根本不可能有人记得他，事实上大家一直都记得他。

最后民主党内投票的结果是，富兰克林·皮尔斯成功获得了提名。据说当简得知这个消息后当即晕了过去，这样一来，手绢又多了一个功能，浸在气味强烈的盐水里，然后敷在昏迷的人脸上让她醒过来。

经历了很多的内心挣扎之后，简终于从内心承认，皮尔斯的提名以及接下来的竞选都是上帝的意思。她努力让自己去接受这样一个无法避免的结果。她邀请了一个嫁入她的家族的儿时好友来帮她打理第一夫人的日常工作，她自己对这些工作简直是厌恶至极。

简的悲剧

皮尔斯全家动身迁往华盛顿前的几个星期，他们去马萨诸塞州走亲戚。哪知道路上火车脱轨，本杰明被夹在了两节车厢之间，不幸身亡。这对简来说简直就是致命的打击，她没有办法从这次重创中恢复过来。

于是她努力地自我反省，试图要找到命里的定数来解释这场荒诞的车祸，她得出一个结论，上帝是要惩罚他们离开家，所以才带走了本杰明。但是她还没有停止思考，又得出了另一个结论，就是本杰明的爸爸要当总统了，这个孩子不能让他的总统父亲分心，所以上帝就把他带走了。不管她相信哪个结论，这对富兰克林·皮尔斯这位可怜的父亲来讲都是一个无法承受的巨大罪名。

去华盛顿赴任的路对两个人来说是悲痛的，接着压垮简的最后一根稻草出现了。她无意中得知皮尔斯竟然骗了她，他说自己并不想被提名，更没有去拉票，其实他暗中为自己的提名拉过票。简·皮尔斯刚刚失去了儿子，又失去了对丈夫的信任。

简在巴尔的摩站下了火车，她根本没办法再继续走下去了。她在巴尔的摩逗留了几周，悲恸欲绝，根本无法出席庄严的总统就职典礼。后来她到底有没有真正原谅她丈夫曾经的欺骗,我们就不得而知了。

在皮尔斯整个任期中,她几乎每天都待在白宫里,与世隔绝。她的姻亲帮她承担了第一夫人基本的社交职责。据说简在做第一夫人期间,绝大部分时间都在给已逝的儿子写信,乞求他们的宽恕,以一个心碎的母亲的身份为他们的来世做要求。

毫无疑问,她的手绢上浸透了眼泪。

 哈利特·莲恩·约翰逊

出生日期：1830 年 5 月 9 日

出生地点：宾夕法尼亚州摩克伦堡

父母：艾略特·托尔·莲恩，

　　　简·布茜南·莲恩

丈夫：亨利·艾略特·约翰逊

结婚日期：1866 年 1 月 11 日

子女：詹姆斯·约翰逊（早夭），

　　　亨利·约翰逊（早夭）

代理第一夫人时间：1857—1861 年

逝世日期：1903 年 7 月 3 日

墓地地址：马里兰州巴尔的摩青山公墓

兼济天下

人们每每提及美国历任第一夫人的时候，哈利特·莲恩基本上都被排除在外，究其原因，大致有二。首先，詹姆斯·布坎南，这位美国第 15 任总统，没有什么作为，履历上只有在政府兢兢业业的工作经历，他面对美国内战前的社会动荡竟然束手无策。其次，虽然在 1857—1861 年哈利特代尽第一夫人职责期间，华盛顿的整个社交圈都优雅有序，但是她毕竟只是当时的总统布坎南的侄女，而不是夫人。

哈利特·莲恩 9 岁时就没了父母，她单身的叔叔就这样成了她的监护人。詹姆斯·布坎南当时已经是宾夕法尼亚州的一名知名律师，是国会里一名前途不可限量的议员。詹姆斯决定尽自己所能好好抚养这个侄女，吃穿用度都给她最好的，还把她送到当地最好的女子精修学院读书，最重要的是，给了她一个慈爱的叔叔所能给予的爱和关照。毫不夸张地说，詹姆斯对哈利特就像对亲生女儿一样好。

哈利特也没有辜负她叔叔的厚望，她出落得比同龄的姑娘们更加聪慧、美丽，成绩出众，她很爱她的叔叔。从

18岁起她就开始出入华盛顿的上层社会，22岁时已经是一个美丽大方的淑女了，挽着叔叔的手出席各种场合。当时詹姆斯是美国驻英国公使，哈利特的魅力和端庄姿态得到了众人的喜爱，连出了名爱挑剔的英国女王维多利亚和艾尔伯特亲王都喜欢她。

1856年，詹姆斯当选为美国总统，当时的哈利特在各个社交圈都颇有声誉，因此，她自然而然地成了代尽第一夫人职责的最佳人选。

布坎南4年的总统任期或许并不算特别成功，但是哈利特执掌的华盛顿社交圈却熠熠生辉。她年轻貌美、个性鲜明，但绝不艳俗，不特立独行。华盛顿社交圈里每一个人都喜欢她。英国皇室第一次出访前殖民地的时候，她亲手为威尔士亲王阿尔伯特·爱德华操办的巨大欢迎仪式让她的知名度达到了顶峰。

人们难免会猜想，哈利特·莲恩与她叔叔的关系难道仅仅是单纯的叔叔和侄女的关系，她到底是不是他事实上的伴侣。虽然她在家族姐妹中有很高的地位，兴趣广泛，成就显著，但是她毕竟不是布坎南的夫人，布坎南政府一解散，她很快就被大家遗忘了。

后来的日子

哈利特·莲恩一直等到35岁才结婚。她面容姣好，魅力十足，地位不凡，追求者众多。她不婚是因为她在等一个人，那个叫亨利·艾略特·约翰逊的人，此人是巴尔的摩的律师、商人，富有，声望不错。

当时詹姆斯·布坎南已经年逾七旬，身体每况愈下。他对这桩婚姻很满意，知道他心爱的侄女有了一个好的归宿，他终于可以放心离去，事实也是这样，哈利特举行婚礼后一年布坎南就辞世了，哈利特是他的第一继承人。

她的幸福生活并没有持续多久，后来她生了两个儿子，一个叫詹姆斯，一个叫亨利，这两个儿子都早夭了。丈夫不久之后也去世了，这样哈利特便成了富有的寡妇。

说句题外话，美国第一夫人中有好几位富有的寡妇，她们领到的抚恤金虽算不上多，但起码也很体面了。哈利特与她们不同，虽然她做了4年的代理第一夫人，但是她毕竟不是总统的遗孀，因此按照19世纪70年代的惯例是不能领取抚恤金的。当然，她也并不需要这笔钱。

哈利特54岁没了丈夫，也没有任何继承人。她的叔叔早就不在人世了，两个儿子夭折了。她的兄弟姐妹也没有她长寿，最后只能孤独终老。其实她的个人开销并不大，因此她一直过得很宽裕，压根用不到她从叔叔那里继承的遗产。她该怎么办？她身后的遗产怎么处理？

哈利特的钱包

哈利特·莲恩·约翰逊有一大笔钱要花出去，1903年，在她生命终点到来之前，她开始为这些钱安排去处。

首先，她捐资200万美金在马里兰州巴尔的摩的新约翰·霍普金斯大学医学院设立了免费的儿科医疗中心，这个中心被命名为哈利特·莲恩之家，是第一个专门致力于儿童疾病的研究和治疗的医疗机构。这是她为了纪念两个早夭的儿子而给后人留下的一笔永恒的财富。

哈利特从在伦敦的青年时代开始就是一个积极的艺术收藏家，那时她手里就有好几幅经典的油画。在布坎南当政期间，她大方地邀请艺术家们到白宫赴宴，并私下介绍赞助商给他们。她一直身怀一个梦想，梦想有一天美国国家艺术馆能够与欧洲的国家艺术馆相媲美。她的个人藏品在她逝世后被遗赠给了史密森学会博物馆，这里就是后来国立美国艺术博物馆的馆址所在。

哈利特出生在一个长老会的家庭中，但是婚后却改信了圣公会教。所以在19世纪90年代华盛顿大教堂得到修建许可之后，她积极参与进去。她在一次去奥地利的途中遇到了维也纳少年合唱团，受此启发，她设想在美国也组织一个少年合唱团。少年合唱团的训练和日常运作都需要资金，约翰逊夫人欣然同意资助圣奥尔本斯学校，还设立了奖学金。

最后，哈利特·莲恩·约翰逊出于对叔叔的深爱，觉得叔叔一辈子功勋卓著，不愿看见他身后被世人所遗忘。因此，她捐了 10 万美金在华盛顿立了一块纪念碑，纪念这位美国第 15 任总统。

她的遗愿公布的时候，人们并没有表示出多大的惊讶。

哈利特遗产的近况

哈利特·莲恩·约翰逊在制定遗嘱的各项细节条款时费了一番心思，事事都考虑周全了。最让人欣慰的是，她的几大主要遗赠——新约翰·霍普金斯大学医学院的儿科医疗中心、国立美国艺术博物馆、圣奥尔本斯学校以及詹姆斯·布坎南纪念碑，这些经历了100年的风雨，全都还在。

作为一个非正式的第一夫人——总统侄女，哈利特在历史中的影响并不大，但是她的慷慨大方、她的远见卓识以及她巨额的遗赠让她流芳千古。

玛丽·安·托德·林肯

出生日期：1818 年 12 月 13 日

出生地点：列克星敦肯塔基州

父母：罗伯特·史密斯·托德，

　　　伊莉莎·安·派克尔·托德

丈夫：亚伯拉罕·林肯

结婚日期：1842 年 11 月 4 日

子女：罗伯特·托德·林肯，

　　　爱德华·贝克·林肯（3 岁夭折），

　　　威廉·华莱士·林肯（11 岁夭折），

　　　托马斯（塔德）·林肯

做第一夫人时间：1861—1865 年

逝世日期：1882 年 7 月 16 日

墓地地址：伊利诺伊州斯普林菲尔德奥克朗公墓

穿衣障碍

林肯夫人和世界舞台

玛丽·托德·林肯和另外两个举世闻名的女人同岁，一个是英国的维多利亚女王，另外一个是拿破仑三世的皇后尤金妮。维多利亚女王从来都不是时尚中人，她从1861年下半年阿尔伯特亲王死后就终身穿着丧服。尤金妮皇后，一位弱柳扶风、姿态婀娜的西班牙美人，她热衷于赶时髦，惹得整个世界都跟着她赶得眼花缭乱。她在19世纪60年代将带有裙撑的蓬蓬裙带入了时尚界，这种裙子可以凸显女性纤细的腰线。她也是第一个勇敢地站出来质疑女人的礼服到底需要多少码布料的人，从那以后，在鱼骨或金属的裙撑外，起码要盖上25码的布料才算一条正常的裙子，而裙撑也成了女性衣服的必需品。

1861年2月底，林肯夫人抵达华盛顿为做第一夫人做准备，当时她已经对英国女王和法国皇后的穿衣风格了然于心。作为美利坚合众国的总统夫人，她认为自己跟这两个人的地位是平等的。

然而玛丽在进入华盛顿的社交圈时遇到了3个问题，

她自己竟浑然不觉。当时南方已经有几个州脱离了美国，而且还有更多的州在加入脱离美国的队伍，南北战争如开水一样在几周之内马上就要沸腾。这些事她都知道，报纸上连续好几个月都在谈论这件事。

但是她并不知道北方人民其实一直把她当南方人看，最起码他们认为她是跟南方人一条心的。自己有家奴，在肯塔基州长大，在伊利诺伊州结婚，家里还有好几个兄弟姐妹都加入了南部邦联，这样的玛丽让林肯的幕僚们起了疑心，他们怀疑她的忠诚。虽然事实并非如此，但是他们就是不信任她。

第二件事就是南部的人民——当时华盛顿还是一个深受南方影响的南部小镇——他们把这个在肯塔基长大，在伊利诺伊州结婚的玛丽视作西部人，换句话说，他们觉得她品位不高，当然这也不是事实。

最后，不要忘了林肯是 1861 年总统竞选的一匹黑马，他之前并没有多少从政经验。人们对他了解不多，大家只知道他出身卑微。华盛顿这个大都会里绝大部分人都理所当然地认为，他肯定找了一个跟他一样出身低贱的人。这当然也不是事实，玛丽是肯塔基州的美人，出生在列克星敦的富裕之家，家世显赫。她从小受到良好的教育，擅长社交。她觉得自己完全能做好第一夫人。

玛丽的第一次大血拼

不管是过去还是现在，所有的第一夫人在一件事情上是一致的，就是她们都有一个超大的衣橱，因为她们需要出席各种公众场合。还有一点要特别提到，1861年还没有干洗这种技术。

在林肯当选总统后不久，当时夫妇俩还住在斯普林菲尔德，有一项开支就是置装费。玛丽需要把她在斯普林菲尔德穿的这些礼服全面升级，不管是质量、款式还是价格，统统都要升级。

林肯当选总统几周后，夫妇俩一起去了芝加哥，林肯是去会智囊团的，而玛丽则是去购物。芝加哥和西部俄亥俄州的辛辛那提一样，都是著名的大都会，但是玛丽大肆血拼时忘记了一点，她在芝加哥买到的最好的东西可能未必适合那个更五光十色的华盛顿。后来在林肯去华盛顿之前，她又去了一次纽约购物，这次买得更多。商人们看到第一夫人来光顾，都很荣幸，给她无限赊购额度。

玛丽到了华盛顿

玛丽到了华盛顿之后开始接见国会议员们的夫人以及社会各界名媛——她们早早就在拉德宾馆等着见她。见面之后她终于明白过来，她之前在芝加哥和纽约买的那些衣服还是不够，华盛顿社交圈里人人都有些傲娇，玛丽是个急性子，爱憎分明，于是从一开始她们就不喜欢她。她们有意冷落她，这给她留下了很长一段时间的阴影。她铆足了劲儿要让她们收回说过的话，她一定要在穿着上胜过她们，于是她放出话来说自己的衣服一定要是最好的。在她的概念里，最好就等同于最贵。有一个传记作家说，众所周知，美国陆军最高司令官温菲尔德·斯科特将军的制服上一定要有金色穗带，同样，玛丽觉得要是衣服不够好，就不足以彰显她的身份。

在林肯就职典礼之前，玛丽就花了很多时间去探访裁缝。在就职典礼后的第二天，伊丽莎白·克克里夫人就被召唤进了白宫，这是一个专营女士服装的穆拉托人，她曾经从众多的裁缝中脱颖而出，为杰斐逊·戴维斯夫人制作衣服。这是她第一次踏进白宫，此后的 4 年中，她定期到这里来。

克克里夫人的工作很简单，就是让林肯夫人在 1861 年当年以及后面多年中，一直独占最佳着装榜的鳌头。衣服质地要最好，裁剪和装饰都要最优雅。克克里曾坦言，其实林肯夫妇并不富有，因此她还得控制好预算，但是林肯夫人只要最好的。在短短几个月之内，玛丽就定制了 16 条裙子，别忘了，不久之前她才在芝加哥和纽约大肆血拼过。

想想人们对林肯的冷淡态度，对内战的态度，对玛丽的态度，就不难料到，玛丽这样大肆采买，不管是从数量还是价格上，都会招来风言风语，报纸开始批评她铺张浪费，有些文章说她一条裙子就值 1 000 美金，有的说值 2 000 美金。实际的价格到底是多少我们已经无法证实，但是有一点是肯定的，19 世纪 60 年代的钱比现在的钱要值钱 10 倍。

林肯夫人似乎从来没有想过，战争还没结束，前方的战士们需要鞋子和毯子。几个月之前，这位林肯夫人还不过是一个面貌姣好的伊利诺伊州中产阶级妇女。她渴望用她无懈可击的时尚品位得到大家的褒奖。纽约和费城的商人们都不傻，他们很快明白过来，要想获得第一夫人的青睐，最简单的办法就是吹捧她绝佳的品位。他们也明白过来，他们越是把她吹上天，她买得就越多，而且她只买最贵的。

时尚达人的末路

1862 年年初，玛丽的买买买已经成了人们茶余饭后的主要谈资。她不仅仅给自己买东西，还给白宫添置物品。在过去的 10 年中，白宫有些破败，玛丽觉得她需要把白宫好好打理一下，恢复它正常的模样。国会批准的预算是 20 000 美金，这在当时已经是很大一笔钱了，结果她超了差不多一半，连一向纵容她的林肯都发火了，他骂她简直就是胡作非为。

悲剧很快就上演了，2 月的时候，11 岁的威廉·林肯因伤寒不治而亡。悲恸欲绝的玛丽在接下来的两年之内一直都穿着丧服，一直到 1864 年的夏天，她才开始穿有点颜色的衣服。

就是这样，平静的生活也没能持续多久，一年之后，最不堪设想的事情发生了。玛丽的丈夫——亚伯拉罕·林肯被刺身亡。

从那天开始，林肯夫人跟维多利亚女王一样，只穿黑色的衣服，从此与时尚绝缘。

玛丽的坏帽子

玛丽·林肯当然清楚她想要什么，特别是她做了第一夫人之后。她想要成为社交圈的主宰，想要引领时尚，想要成为华盛顿品位最佳的女人，尊享大家的艳羡和追捧。因此她相信，她用多好的东西都不为过。

这位第一夫人买了一条新裙子，上面有紫色的花朵。这个紫色色调偏深，很浓郁，她希望她帽子上的缎带能配上这个紫色。为她做帽子的人当然很想满足第一夫人的要求，但是就是找不到那种紫色，染缸里可选的颜色刚好就没有这一种。挑剔的第一夫人不开心了，他们为她提供了其他备选的颜色，但是她都不满意。

恰好林肯夫人刚刚把这个做帽子的介绍给了一个叫霍拉提奥·尼尔逊·塔夫脱的夫人，这是她在华盛顿认识的一个名媛，塔夫脱夫人的两个儿子，一个叫布德，一个叫霍利，是林肯家儿子威廉和塔德的密友。塔夫脱夫人有一次到白宫来参加玛丽的招待会，戴了一顶有紫色缎带装饰的帽子，刚巧就跟玛丽的裙子颜色相配。只见第一夫人径直走到她面前，欣喜若狂地赞扬她帽子上的紫色缎带。她说，她俩都认识的那个做帽子的就是缺一条这个颜色的缎带，她让塔夫脱夫人把这条紫色缎带从自己的帽子上剪下来给她。显然，她觉得因为她是第一夫人，所以就可以为所欲为。但是塔夫脱夫人却被林肯夫人的厚颜无耻所惊呆了。

后来这个做帽子的一再承诺，说一定会免费再给塔夫脱夫人做一顶新的帽子，塔夫脱夫人才很不情愿地把自己帽子上的紫色缎带给了这个"圣母"。可想而知，从此以后，塔夫脱夫人对林肯夫人的印象一落千丈。

玛丽当上第一夫人才一年，11岁的儿子威廉就因病身亡，悲恸欲绝的玛丽收起了她所有的新衣服和新帽子，包括这顶有紫色缎带的帽子。玛丽一贯以自我为中心，她居然写信给塔夫脱夫人，让她不要带她的两个孩子到白宫来跟塔德玩了，她说她自己会受不了的。于是9岁的塔德再也没见过他的这两个好朋友，从此以后，他一个玩伴都没有了。

这个故事是多年以后由塔夫脱夫人的女儿茱莉亚·塔

夫脱・拜恩斯讲出来的，她当时在写一本书，叫《塔德・林肯的父亲》，在书里她回忆了林肯一家在白宫的一些片段。那时她也就十来岁，常常跟着弟弟们一起到白宫去与林肯的儿子们玩。她在书中也写到了这个帽子的故事，显然是她妈妈告诉她的。

但奇怪的是，虽然林肯夫人是这样一个极度以自我为中心的人，茉莉亚・塔夫脱却一点也不讨厌她，反倒很喜欢她。

小粒珍珠

亚伯拉罕・林肯出身卑微，完全不懂什么是时尚，更别谈女人的时尚或珠宝了。当他第一次见到玛丽・托德小姐的时候，他还是一个身材瘦削的律师，身高为 6 英尺 4 英寸，穿着一套不合身的西装。但是林肯不傻，他清楚地知道，若是想要成为知名律师或者在政坛崭露头角，他得先把自己收拾体面。玛丽・托德在这方面就很在行，她家境富裕，知道该怎么打扮。

她把家营造出了中产阶级的氛围，这样林肯可以很自豪地把自己的同僚们带回来。她让他穿上了裁剪合身的衣服，他的帽子和外套每天都干干净净、整整齐齐的。他的皮鞋永远擦得锃亮，衬衣洗得干干净净，熨烫得平平整整。在她的指导下，林肯会跳一点点舞，会绅士体面地鞠躬，会很优雅地把茶杯放在膝盖上。这样，到了他当选总统的时候，亚伯拉罕·林肯已经适应了觥筹交错的社交场合。他当然清楚，这一切都归功于他这位有社交头脑的夫人18年来的教诲。

1861年2月，林肯一家坐着火车到华盛顿宣誓就职，途中他们在纽约短暂逗留，访问了蒂凡尼珠宝公司，这家公司当时就已经在美国享有盛誉，到今天更是全球闻名。他买了一套小粒珍珠的首饰，包括一条项链和两个手镯，送给玛丽。有史料记载的林肯送给玛丽的礼物不多，这就是其中的几件，价格是530美金，这在19世纪中期已经是贵得让人咋舌了。林肯在当选总统前的年薪大约是6 000美金，只能算够用，一点也算不上多。

珍珠首饰

项链是短款的，大概有14英寸到16英寸长。项链由19个椭圆形的底座组成，6个大的13个小的。6个大的里面有一个特别大的，在项链正中，在这个最大的底座下面有一个小一点的底座，作为坠子。13个小的底座，每个底座上面都镶有3颗珍珠，3颗珍珠外面围了一圈小粒珍珠。其他5个大的底座也是每个镶了3颗珍珠，这3颗珍珠外面围了两圈小粒珍珠。最大的那个底座上面也镶了3颗珍珠，外面围的是3圈小粒珍珠。两条手镯的镶嵌方式跟项链相同，手镯上最大的底座上镶了3颗大珍珠，外面围了4圈小粒珍珠。旁边还各有两个稍小一些的底座，中间3颗珍珠，外面围了3圈小粒珍珠。整套首饰除了珍珠之外，都用白银制成。

也有些史料记载，林肯除了项链和手镯之外，还给夫人买了耳环和胸针，这5件套首饰是3件套的类似款，也是蒂凡尼出品，售价是1 000美金。让历史学家们挠头的是，照片中的林肯夫人的确戴着耳环和胸针，但是史料记载的林肯总统是很节约的，他更倾向于买便宜的东西。那么我们姑且猜测这胸针和耳环都是赊购的吧。

蒂凡尼的账单

最奇怪的是在蒂凡尼公司的记录中，林肯的购买日期是1862年4月28日，这是在他宣誓就职的一年多以后，而史料记载的玛丽佩戴这套首饰的日期则是在这个日期之前。马修·布雷迪为第一夫人拍摄的总统就职典礼的照片显示，当天第一夫人穿着就职礼服，戴着这串小粒珍珠的项链，只戴了一只手镯，还佩戴了耳环和胸针。蒂凡尼公司的财务部门应该是延期收到了这笔首饰款，因为购买人是总统。

当然还有另一种可能，购买的时候并没有当场付款，而是一个月之后甚至一年之后才付款，也有可能是购买者都忘了他买的这个首饰还没有付款。林肯夫人的很多私人物品的账单，甚至连白宫家具的账单，都是收货几个月之后才付款的。

还有一点，白宫主人常常收到各种各样的礼物，有最普通的鲜花、糖果，也有巨大的奶酪。林肯夫妇就经常收到一桶一桶的威士忌和其他烈性酒，他们把这些酒基本上都送到医院去了。林肯自己还收到过几十支文明棍，基本都是根据他的身高定制的。到 19 世纪 60 年代，火车通行证是送给各级议员的好礼物。总统一家用车不需要给钱，住酒店不需要给钱，外出吃饭也基本不用给钱。所以，如果买了东西账单却没有到的话，那么基本就把这些东西视作礼物了。在 19 世纪 60 年代，美国还没有什么法律禁止这种行为。

还有一个有趣的事情是，按照蒂凡尼公司的财务记录，这个账单是 1862 年 4 月支付的，而这几周之前威廉刚刚去世，当时林肯夫妇正沉浸在丧子之痛中。这位悲恸欲绝的母亲绝不可能有心情去买首饰，也没心情去戴这样精致的首饰。

可惜史料中没有记载林肯夫人看到这样昂贵的珠宝时的反应，但是我们猜想她一定欣喜若狂。她在林肯的两次就职舞会上都戴着这套首饰。

这套首饰是林肯送给夫人的礼物，而不是蒂凡尼公司的馈赠，林肯拿到账单之后还是付了钱。

小粒珍珠首饰的归宿

玛丽·林肯在丈夫死后一直寡居，1873 年她立了一份简单的遗嘱，她在遗嘱中把所有的东西，包括这套小粒珍珠首饰，都留给了儿子罗伯特。

罗伯特的抑郁差点把玛丽逼疯，当然后来玛丽差点把罗伯特逼疯，这样两个人之间有了很深的嫌隙，一直到玛丽去世，两个人的关系都很疏远。

玛丽立遗嘱的时候只有一个孙女，就是罗伯特的女儿玛丽，跟她祖母一个名字，小名唤作玛米，那个时候她才刚刚蹒跚学步。罗伯特的另外两个孩子，一个叫亚伯拉罕二世，小名叫杰克，另一个叫杰茜，在那时都还没有出生。

尽管母子关系疏远，尽管玛丽立完遗嘱之后又活了10 年，她一直都没有修改过这份遗嘱，她的财产都留给了罗伯特。

现在这套首饰是美国国会图书馆的馆藏之物。这是 1937 年，玛丽的孙女，玛丽·林肯·艾沙姆在弥留之际捐赠的，她是玛丽在世时唯一抱过的孙女。

玛丽·林肯的法兰绒睡衣

孀居的玛丽

1865 年 4 月林肯被刺身亡，当时玛丽 46 岁，她悲恸欲绝。在后来她独自生活的 17 年中，从未真正从悲痛中走出来。

玛丽·林肯其实很需要情感支持，但是谁也给不了她。她跟她的兄弟姐妹们的关系很疏远，有的甚至早就没有了联系。林肯被刺身亡后，竟没有一个兄弟姐妹来到她身边安慰她。她的大儿子罗伯特当时已经 21 岁了，是可以撑起一个家的男子汉了。但是他首先得安排好自己的生活，然后才可以去解决他母亲的种种问题。玛丽的小儿子塔德时年 12 岁，还是个稚气未脱的孩子。他天生唇腭裂，在今天这可以在婴儿期就做手术修补的，但是 19 世纪中期的医生对此无能为力。大儿子托德从小就有语言障碍，长大之后有阅读困难，父母对他也很宽容，由着他的性子来，让他永远都是个长不大的孩子。林肯的二儿子威廉的死让全家都陷入了痛苦之中，对玛丽来说尤其无法接受。3 年之后，她刚刚从丧子之痛中缓过来，丈夫林肯又被刺身亡了。

1865 年夏天，玛丽似乎又打起了精神。她有两个主要目标，第一是要好好抓一抓塔德的教育问题，这个孩子已经被放养太久了。第二是要保守她的机密不为外人所知——她当了第一夫人之后欠了几千美金的债。她其实是愿意还的，起码是能还多少是多少，但是的确欠得太多，她无能为力了。

林肯夫人赴欧洲

为了躲避经济上的窘境，为了找到更廉价的住所，也为了给塔德找一所好学校，1868年玛丽去了欧洲。他们在欧洲频繁地更换城市，但是基本都是在德国境内，因为德国拥有全欧洲最好的教育资源。

因为没有自己的房子，她一直带着塔德住在学校附近的酒店里。她平时无事可做，经济上也很拮据，加上身边没有朋友，没人安慰她，也没人陪伴她，她开始疑神疑鬼，总担心自己身体有病。

她一直都有偏头痛，时好时坏。她还有女性比较普遍的妇科病，在生完塔德之后出现了一系列的症状。50岁的时候她进入了更年期，开始时不时地出冷汗，发热，浑身不舒服。她在欧洲住了3年，其间看过几个医生，绝大部分医生都认为她的这些病痛的根源是心理上的问题。

那个时候精神病学还不是一门独立学科，西格蒙德·弗洛伊德比塔德还要小3岁。但是，大洋两岸的医学家们都已经开始对身病心治这个课题表现出极大的兴趣，给玛丽·林肯看病的医生们也都认为她的病很大程度上讲是心病。但是他们不知道该从何下手，她是一个不太配合的病人，不配合诊断，也不配合治疗。

正在绝望之中，有人建议玛丽去气候温暖的地方，于是她去了南方。后来，南方的医生又建议她去气候凉爽的地方，于是她又回到北方。真的是所有的办法都用尽了。

睡衣

一次她忽冷忽热的毛病突发的时候，一个德国药剂师建议她晚上睡觉的时候穿法兰绒睡衣。

其实这个建议并不是没有道理的。19世纪70年代的酒店，尤其是玛丽住的那种有几十年历史的老酒店，房间潮湿阴冷，四面透风。所谓的中央供暖系统，也是原始简陋的，主要靠壁炉或者普通炉子取暖。不管玛丽的病因是什么，总之阴冷潮湿对病人是不好的，温暖的法兰绒睡衣比起普通的棉质睡袍，保暖性更好，更能抵抗深夜的寒冷。

睡衣在欧洲很普及，睡衣起源于印度，经由在亚洲次大陆的英国殖民者引入了欧洲，这种宽松舒适的睡衣男女都可以穿。

于是玛丽让塔德去商店给她买几套法兰绒睡衣，他俩都没见过法兰绒睡衣，想象不出是什么样子，女人的睡衣在内衣区，我们不难想象，一个16岁的男孩，还有一点表达障碍，找售货员给自己母亲买睡衣时多么尴尬。但是，他最终还是把睡衣买回去了。

这法兰绒睡衣是医生开的药方，所以玛丽在后来的日子里时不时地要穿一下。

 茱莉亚·伯格斯·顿特·格兰特

出生日期: 1826 年 1 月 26 日

出生地点: 圣路易斯密苏里州

父母: 费德里克·顿特, 爱伦·伦歇尔·顿特

丈夫: 乌里塞斯·辛普森·格兰特

结婚日期: 1848 年 8 月 22 日

子女: 费德里克·顿特·格兰特,

　　　尤利西斯·辛普森（布克）·格兰特,

　　　爱伦（内莉）·伦歇尔·格兰特·莎多瑞丝·琼斯,

　　　杰丝·鲁特·格兰特

做第一夫人时间: 1869—1877 年

逝世日期: 1902 年 12 月 14 日

墓地地址: 纽约州纽约市格兰特将军墓

茱莉亚的破帽子

这是茱莉亚自己的故事，是她 100 多年前自己亲笔写在她的回忆录中的故事，这本回忆录在她孙女家的阁楼里尘封了 75 年才得以见天日。茱莉亚很受大家欢迎，可能是因为她善于自嘲——或者也不算真的自嘲，只是能够用一种无所谓的态度将自己的糗事讲出来而已。

茱莉亚·伯格斯·顿特·格兰特真的是一个很招人喜欢的女士。大家都喜欢她，可能是因为她相貌平平，不太在意穿着打扮，智力也不算超群，不是灵气逼人。换言之，在名媛贵妇中，她是一个无害的形象，因此大家都围着她转，喜欢她的直率，喜欢她的平易近人。

她在女子精修学院念过书，她的天真在那里得到了最大限度的保护。小时候，她所有的事情，无论大小都靠父亲拿主意。长大后结了婚，她的事情就都交给丈夫做主，包括政治立场。内战期间，身为联邦军总司令的格兰特公务缠身，忙得不可开交，根本没有时间去帮她挑帽子。内战刚开始时，格兰特还不是联邦军总司令，只是一个将军，那时候茱莉亚还待在俄亥俄州辛辛那提附近，有一次她想买一顶秋天戴的帽子。她和表姐一起去买，看上了一顶深棕色的帽子，很漂亮，装饰着红白相间的割绒花。这帽子正好配得上她的一件冬天穿的大衣，价格也合适。于是她就买了，很得意地戴着它出了门。但是她惊讶地发现人们都对着她指指点点，捂着嘴窃笑，路上碰到的熟人也是这样，点个头就笑着走开了。

茱莉亚并不清楚，1862年，深棕色的帽子，配上红白相间的帽徽就是南部邦联的标志，是当时美国领土上女人们用来心照不宣地表示自己对南部邦联的政治忠诚的方式，哪怕是在联邦政府地区也是如此。虽然茱莉亚的确是南方人，但是她在西部的密苏里州出生长大，她自己家里也有奴隶。这个从不过问政治的女人怎么也想不到，她戴着这顶帽子就相当于在昭告天下，而且昭告的内容还跟自己丈夫的政治立场相反。自然，这个联邦军的高级将领也无法忍受自己的夫人居然公开支持敌人的立场，不管她是有心还是无意。

茱莉亚羞愧难当，她从此再也没戴过那顶帽子，她马上重新买了一顶，颜色合适，款式安全。她找到陪她买帽子的表姐，问："买的时候你怎么不提醒我？"结果她说："我以为你知道啊！"嗯，朋友一般都会这么说。

茱莉亚是真的不知道这些东西的含义，她之前也犯过一些政治上的错误，后来还犯了不少错误。但是她很快就学会了非常有用的一招：在一切政治问题上闭紧自己的嘴巴，买东西要小心谨慎。她渐渐明白，她嫁的是一个政治人物，因此自己就是他形象的一部分，自己时时刻刻都生活在大众的目光之下。自己做的每一件事，说的每一句话都要接受大众的批评。大家总是在挑刺，每一位第一夫人都痛恨她们自己的私生活暴露在大众的视线中，这么多年，这个现象一点都没有改变。

真正让人刮目相看的是，茱莉亚·格兰特在30多年后选择了将自己当年一些无伤大雅的糗事公之于众，这个时候，她已经凭借个人的能力赢得了很高的声望。她其实完全可以不将旧事重提，她可以选择对这些事情只字不写，也没有人会傻乎乎地提起。但是她没有，她把这些尴尬的往事一股脑儿都写了出来，拿自己开涮，可能这就是她在白宫内外都如此受欢迎的原因吧。

行李箱

茱莉亚·顿特·格兰特的长相实在乏善可陈，她生来就有点斗鸡眼，用医学术语讲叫"内斜视"，这样一来就更谈不上美貌了。当然，先天性斜视在今天可以在幼儿时期进行矫正，在茱莉亚出生的1826年，医生们对此束手无策。她对自己的这个毛病很敏感，但是她从来没有认为自己眼睛的问题会对自己的未来有什么影响。她热情开朗，很容易跟人打成一片，无论男女。

她从圣路易斯女子精修学院毕业的时候，遇见了格兰特中校，两个人一见钟情，此人是她哥哥弗雷德在西点军校读书时的室友和密友。

格兰特的婚礼

他们相识没多久格兰特就跟着部队调走了，当时两个人已私订终身，4 年之后他们举行了婚礼。婚后两个人一起度过了 40 年幸福的婚姻生活，育有 4 个子女，一起经历了风风雨雨，起起落落。

格兰特所在的部队在当地驻扎了 3 年后，又开拔进驻西部地区。当时茱莉亚已经怀了第二个孩子，她回到了圣路易斯照顾家人。19 世纪 50 年代初期，一个孕妇，还带着一个两岁的小孩，根本就没有办法穿越巴拿马地峡到加州。

格兰特在西部过得并不好，他被安排做军需官，但是他做得并不好，每天都在想家。绝望之中，他只能借酒消愁。最后部队给了他两条路，要么自己主动退伍，要么就等着被开除。于是他主动退伍，回到了圣路易斯。

然后他就在茫然中虚度了 10 年光阴，他找不到合适的工作，不管干什么都做不长久，一直走背运。但是整个 10 年中，茱莉亚都是他坚强的后盾，她从不抱怨，脸上从不露出半点失望的表情。她从头到尾都坚信，她的丈夫不是凡夫俗子。

内战的 4 年是格兰特书写个人辉煌的 4 年。这 4 年中，茱莉亚带着 4 个孩子居无定所，无论格兰特的部队走到哪里，不管他们在那里逗留多久，他都会让茱莉亚带着孩子们去陪他。

内战接近尾声的时候，尤其是林肯被刺身亡之后，格兰特就成了风云人物，成了整个国家最重要、最得民心的人。权贵们都一窝蜂拥到了格兰特和他那以"长相平平、个头娇小"自谦的夫人身边。1868 年格兰特顺理成章地当选总统，完全是民心所向、水到渠成。格兰特总统一家很受欢迎，这两个人深受大众喜爱，简直就是大家的偶像。哪怕是在哀鸿遍野的南方，人们也感念他的宽宏大量，国会对他很满意。共和党现在不仅仅是掌权，他们真正得了天下，得了民心。

参加聚光灯的中心——白宫举办的任何时尚活动都是人们愿望单上的第一名。

自然而然地，这个时候的格兰特夫人已经结交了很多人，其中不乏知名的医生。她也知道了她的眼疾是可以矫正的，她对此非常上心。身为第一夫人，她的照片要留下来，拍照正是她的心病。她的照片很少，几乎拍的都是侧面。

19 世纪中期拍照是门技术活儿，既考验艺术又考验手艺。被拍照者必须要一动不动地坐着，给摄影师和他的相机足够的时间反应。茱莉亚可以坐得端端正正的，但是她却控制不了她的眼部肌肉不乱动。

一想到自己的眼睛有可能完全恢复正常，她就很激动，一直在寻医问药。最后她得到的答复是，造成内斜视是因为眼部肌肉萎缩，这萎缩的肌肉完全可以通过手术加以矫正，而且这个手术在当时并不危险，医生们可以保证手术百分之百成功。深思熟虑之后，茱莉亚决定动身去费城做手术，因为费城在当时有全国最好的医院和最权威的医生，手术前后需要一周的时间，在这一周内她能得到美国最好的外科医生的治疗。

这当然是她的决定，她在手术单上签了字，自己整理行李。她带上了睡衣和晨起衣，晨起衣就是 19 世纪的浴袍；带上了所有个人洗护用品；她还带上了特制的日间服装，方便手术后的穿脱。她其实不用整天都卧床休息，只需要一周静养就可以了。

茱莉亚当然对这次眼科手术有些紧张，但是她并没有表现出来，她丈夫表现得坐立不安。格兰特几乎从不干预茱莉亚的任何个人决定，但是这一次这个决定让他不安。于是在她即将启程去火车站之前，他给她写了张便笺。

亲爱的茱莉亚：

我不想你去乱动你的眼睛，它们压根儿就没有什么问题，它们依然是当年我第一次见到你时的模样，就是那双我一见钟情的眼睛，那双深深凝望我，告诉我我的深情也得到了爱的回应的眼睛……

于是茱莉亚取消了整个手术安排。

她把行李箱里面的东西一件一件取出来放回原处。她再也没有去修复眼部肌肉，再也没有抱怨过自己眼睛的问题。

 露西·维尔·韦伯·海斯

出生日期：1831 年 8 月 28 日

出生地点：俄亥俄州奇利科西

父母：詹姆斯·韦伯，

　　　玛丽亚·库克·韦伯

丈夫：拉瑟福德·伯查德·海斯

结婚日期：1852 年 12 月 30 日

子女：拜查得·奥斯汀·海斯，

　　　詹姆斯·韦伯·库克·海斯，

　　　拉瑟福德·波兰特·海斯（早夭），

　　　法妮·海斯·史密斯（早夭），

　　　司各特·卢梭·海斯（早夭）

做第一夫人时间：1877—1881 年

逝世日期：1889 年 6 月 25 日

墓地地址：俄亥俄州菲利蒙市斯皮格尔公墓

老派时尚达人

拉瑟福德·伯查德·海斯夫人，也就是露西·维尔·韦伯，是历史上一个著名的矛盾共同体：她的相关史实和她在历史中的形象大相径庭。

露西出生在俄亥俄州，由母亲一人独自抚养大，父亲在她婴儿时期就去世了。拉瑟福德·伯查德·海斯，也就是露西的丈夫，是一个遗腹子，也是由母亲一人独自抚养成人的。两个人相似的身世让两个人的关系比常人更亲密，两个人成年后，身上都有非常强的女性主义影响的痕迹。以露西为例，她的母亲在女权主义运动早期就是一个坚定的女权主义者。韦伯夫人是女权主义者玛丽·莱昂的拥趸，在19世纪三四十年代就坚决支持女性接受高等教育，当时这种想法会被人认为是发了疯。正是因为有这样的母亲，露西才得以进入辛辛那提的卫斯理女子学院念大学，成了大家公认的第一位因良好的高等教育而受益的美国第一夫人。

她在女校学了一些艰深的课程：拉丁语、希腊语、代数、几何、历史哲学、科学地理，还有一些更女性化的课程，比如诗歌与文学，可能还学过一段时间法语，当然，还有各种女红。如果说她日后用到了在学校里学到的什么东西的话，那应该是如何成为一个伟人的夫人，她也的确做到了。她20岁结婚，将5个孩子抚养成人。

按照她自己的说法，她是一个老派的人，不管她母亲对女权主义持怎样一种态度，她自己并不是一个忠实的拥趸。她只想做一个好妻子、好母亲，除此之外没有别的野心。她从青年时期就开始喜欢穿高领长袖的衣服，不喜欢穿内战时期流行的袒胸露背的衣服。带裙撑的裙子是后来才流行起来的，这些裙撑也是穿在里面，目的是掩饰身材。这些比较温和的款式都没有动摇露西作为一个卫理工会教徒对守旧的虔诚。

她一辈子都梳着同样的发型，从未改变过——中分，在后颈窝那里低低地盘一个圆髻。玛丽·林肯和茱莉亚·格兰特也梳着同样的发型，但是相比之下，这种发型更适合鹅蛋脸的露西。

露西与新女性形象

到1877年拉瑟福德·伯查德·海斯当总统的时候，美国女性已经开始走出家门从事更多显性的工作了。毫无疑问，露西受到的教育在普通女性之上，但是当时的年轻女性与她们母亲和祖母那两代人相比，受教育的程度就高多了，绝大部分女性都受过教育。正因为越来越多的女性都能看书写字了，所以美国内战之后越来越多的杂志专门刊登时尚、家居以及育儿等方面的文章。女性读者的订阅量达到了数千人次，10年之后，这个数字飙升到了上百万。

内战之前，女人们能做的工作就是女家庭教师、学校老师、女装裁缝、女帽制造商，现在的女性除了上述工作之外，还可以做公司职员、办公室助理、销售、有专业背景的学校老师和护士，甚至还出现了女记者——因为战后有大量的女人失去了丈夫，女儿失去了父亲，她们都必须自己走出家门，挣钱养活自己。电话和打字机的问世也为女人提供了很多工作机会。当时还有很小一部分移民过来的女人们在环境恶劣的工厂中打工，当然还有很多女人在当用人。

或许要归功于她的高学历，或许是因为她比整天板着脸的玛丽·林肯和泯然众人的茱莉亚·格兰特漂亮得多，时年40多岁的露西·海斯开始频频出现在报端，被大家称作"新女性"。

的确是有一个群体可以被叫作"新女性"，但是，露西·海斯真的是这群人的代表吗？

滥用露西形象

在华盛顿社交圈有一个叫玛丽·科勒姆·埃姆斯的女记者，她伪造了海斯这位新任第一夫人的形象。她写了一篇又一篇的文章，把她吹捧成一个完美女性，其目的主要是博人眼球，提高报纸的销量。这一切都未经露西的允许，露西没有公开表示过同意，也没有默许她这样做。当时这种行为似乎并不需要得到当事人的许可，从现有的资料来看，露西从来没有请记者写文章来标榜自己，也没有接受过哪一家报社的采访。

19世纪70年代是妇女基督教戒酒联合会的巅峰时期，女人们都走上街头向万恶的朗姆酒宣战。她们也冒用了第一夫人的形象，将她树立成了禁酒事业的代言人，当然也是事先未经她的许可。露西当然支持戒酒，被誉为举起"白宫禁酒"大旗的人。真的如此吗？或许是，或许不是。有历史学家认为，是海斯总统自己主导了这种正面的符合道德标准的政治运动，但是他借露西之名，这样不管是褒是贬，人们都算在露西头上。

露西不喜欢这些东西，虽然没有明显地表现出来，但是她从来不会发表任何意见，不点头也不摇头，表现出一副漠然的样子。她只是尽职尽责地完成第一夫人分内的职责，除此之外，拒绝参加其他任何活动，她丈夫也支持她这么做。一位老同学曾邀请她出席一个小的女子学院的毕业典礼，并想让她在仪式上发言，她出于怀疑一切的惯性，拒绝了。官方的说辞是露西比较腼腆，不习惯在公众场合发言，因为她后来也陆陆续续拒绝了很多机构的邀请，他们邀请她去做领导。她不做第一夫人之后这些邀请还不请自来，可能真的是这样吧，反正能解释得过去。害怕在公众场合发言本来就很正常，尤其是对那些腼腆害羞的人来说。

她一直都没有加入妇女基督教戒酒联合会，不管她们怎么苦口婆心纠缠不休，也不管她们怎么在自己的宣传单中对她歌功颂德。她说饮酒应该适可而止，但并不是要滴酒不沾，如果谁偶尔想喝一杯白兰地或者香槟，她也不介意。

传言她曾经对她丈夫发过火，表达对妇女基督教戒酒联合会擅用她的形象的不满。海斯当然是一个合格的律师，但是他更是一名政客。他劝她，既然这些主张戒酒的人们并没有做出任何有害她的实质行动（当然无休止地纠缠肯定算），她就不用管，于是她真的就算了。

酒红色的礼服

露西忍受了外人强加给她的"新女性"和"戒酒皇后"的形象这么久，终于得到了回报。丹尼尔·亨廷顿，这位在当时享有极高声望的著名肖像画家给第一夫人露西·海斯画了一幅巨幅肖像。

虽然她从来不喜欢自己在第一夫人光环下外界赋予的诸多形象，但是她自己私底下对自己的爱好是很有热情的。她喜欢艺术，喜欢历史。她开始收集前任总统们的肖像，时不时地会把一些出自名家手笔的肖像临摹作品挂在白宫展览。在海斯总统的任期之内，白宫壁炉正上方悬挂着玛莎·华盛顿的巨幅肖像。出自吉伯特·斯图尔特之手的乔治的肖像也被找回了白宫。在露西·海斯之前，就算有任何第一夫人的肖像被找回，也是用于私人用途，一直都是交由私人保管的。

露西·海斯的肖像是第一幅特意为白宫而作的第一夫人肖像。事情是这样的：妇女基督教戒酒联合会希望能够讨好一下这个用来充门面的女主角，因此她们让她选一件自己喜欢的合适的礼物。于是她就成了第一个为白宫定制一幅肖像画的人，当然整个事情交给了妇女基督教戒酒联合会去办，钱也是她们付的。不过她还是拒绝加入该组织，不做第一夫人之后也没有加入。

洞察力超凡的艺术家

丹尼尔·亨廷顿这位艺术家欣然接受了这项任务，他当时已经因肖像画而声名鹊起，不仅仅得到了民众和拥趸们的追捧，还得到了同行的认可。他很清楚地知道，接下来这幅肖像画会被广为传播，永久地悬挂在白宫。

他非常出色地完成了任务：他画出了一个守旧的新女性形象。画作的尺寸也很宏大——超过了 7 英尺高，露西本人也就 5 英尺左右。画家创作这幅肖像的时候，露西已经 50 岁了，怀过 8 个孩子，身形难免有些臃肿。亨廷顿不仅技艺精湛，而且善解人意，有着惊人的洞察力，或许这也是他成功的原因。他故意把露西画得年轻一些，纤细一些，露西自然很高兴。画中她的发型跟生活中一样朴实无华，但是配上她的脸，就显得非常迷人。画上她穿着一袭华丽的酒红色礼服，高领，线条简洁，白色的蕾丝边看上去非常高雅。衣服是长袖的，把画中的女人遮得严严实实，只露出一张脸。

亨廷顿捕捉到了露西内心的温暖、固有的聪慧以及端庄的魅力，她总是会避免谈论外界的事情。尽管如此，画中的露西给人一种非常强烈的正直端庄的感觉。露西是一个公众人物，这一点她自己也非常清楚。一方面要尽量美化自己的形象，另一方面她也非常想在道德上引导众人，她只会一种办法，这种办法也是唯一她能接受的办法——那就是树立一个良好的形象，亨廷顿完全做到了。

妇女基督教戒酒联合会欣然为这幅肖像付了费，在继任总统詹姆斯·加菲尔德宣誓就职后不久就交给了他，后来这幅画就悬挂在白宫里。在加菲尔德短暂的任期后，又经历了丧妻后一直独居的总统切斯特·艾伦·阿瑟的任期（加菲尔德和阿瑟的官方肖像也出自亨廷顿之手），白宫历届第一夫人都有自己的肖像供子孙后代瞻仰。第一夫人肖像馆从悬挂露西·海斯的那幅穿着酒红色典雅礼服的肖像开始，成了白宫一个优美的地方，深受来访者喜爱。

 弗朗西斯·弗尔森·克利夫兰

出生日期：1864 年 7 月 21 日

出生地点：纽约州水牛城

父母：奥斯卡·弗尔森，艾玛·科妮莉亚·哈蒙·弗尔森

第一任丈夫：格罗夫·克利夫兰

结婚日期：1886 年 6 月 2 日

子女：露丝·克利夫兰（12 岁亡），伊斯特·克利夫兰·鲍桑葵，
　　　玛丽珑·克利夫兰·戴尔·安曼，理查德·弗尔森·
　　　克利夫兰，弗朗西斯·格拉芙尔·克利夫兰

第二任丈夫：小托马斯·杰克斯·普里斯顿

结婚日期：1913 年 2 月 10 日

子女：无

做第一夫人时间：1886—1889 年，1893—1897 年

逝世日期：1947 年 10 月 29 日

墓地地址：新泽西州普林斯顿市普林斯顿公墓

婚纱的故事

这是华盛顿市保守得最密不透风的秘密了，49岁的现任总统，那个长得五大三粗，性情豪放的格罗夫·克利夫兰要结婚了。

格罗夫·克利夫兰绝对算不上白马王子，身高5英尺9英寸，体重300磅，他是1885年之前所有美国总统中的第一胖。后来，身高6英尺2英寸的总统威廉·霍华德·塔夫脱以50磅的优势胜出。如果这种五大三粗的体形还不算难看的话，那么只能说他的双下巴和满脸的络腮胡让人觉得恶心了。

要是哪件事情让克利夫兰不喜欢，有什么能让他火冒三丈的话，那就是侵犯他的隐私。特别是涉及他10年前就有一个私生子的问题的时候。现在，还有哪件事能比他的私人婚礼更私密的呢？因此婚礼所有的事都是他亲手操办的。1885年的媒体极爱刺探名人的隐私，因此总统明令禁止媒体参加这个小型的婚礼。

让人感到惊奇的是，新娘居然是时年21岁的弗朗西斯·弗尔森，她身材窈窕，肤色白里透红，脸上还有甜美的酒窝。她当时从纽约北部的威尔斯学院毕业没多久，紧接着就去了趟欧洲，为自己采办嫁妆。

还有比这更劲爆的：克利夫兰在过去10多年中一直是弗朗西斯的法定监护人，弗朗西斯的父亲奥斯卡·弗尔森是克利夫兰的老友，还是律师合伙人。弗朗西斯出生的时候，克利夫兰叔叔还送给她一辆婴儿车。弗尔森在女儿9岁那年车祸身亡，遗嘱执行者克利夫兰自然而然就成了弗朗西斯的监护人，多年来让弗朗西斯和她妈妈在水牛城过着中产阶级的生活。

弗朗西斯进入威尔斯学院读书的时候，克利夫兰刚好是纽约州的州长，他给弗尔森小姐的信件和鲜花送到学校，大家也不会奇怪，大家都知道州长是她的监护人。如果克利夫兰邀请弗朗西斯到奥尔巴尼他的州长官邸去赴宴，大家也不会奇怪，大家都觉得她就是他的家人。

毫无疑问，总统将他要结婚的消息封锁得严严实实，他俩之前类似家人的身份一定会成为丑闻的最佳材料。

两个人订婚无异于给华盛顿社交圈扔了一枚重磅炸弹，华盛顿的名媛贵妇们还一直在忙着给这个五大三粗的胖总统找一个长得同样乏善可陈的寡妇或者老姑娘。弗尔森小姐在母亲的陪同下回到美国，一周之后，在没有任何事先公开的情况下，就和总统举行了婚礼。婚礼将在白宫举行，都在总统的掌控之内，而且总统本人把婚礼的每个环节都仔仔细细地计划好了：结婚仪式、来宾名单、牧师，还有结婚誓词。婚礼宴会的菜单、鲜花装饰以及安排海军乐队的表演由他的妹妹罗斯·伊丽莎

白负责，罗斯一直没有结婚，这一年之中她一直在代行
第一夫人的职责。新娘只需要做一件事情，穿着婚纱，
准时出现在婚礼现场。

婚纱

克利夫兰总统还做了一个小小的让步，他要找个人
详细写写弗尔森小姐婚纱的各个细节。毕竟，全美国所
有的女人，还有所有的女装裁缝们都屏息凝神地候着，
想看看这个年轻漂亮的第一夫人在她这辈子最重要的日
子里穿什么。

这份美差落到了《哈珀周刊》和《弗兰克·莱斯利月报》
的头上，这都是当时的主流杂志。它们的任务就是根据白宫
官方对新娘婚纱的描述，通过想象，给公众还原一个婚礼场
景。婚礼第二天，《华盛顿邮报》是这样报道这场婚礼的：

> 新娘穿着一袭美丽的象牙白绸缎裙，这条高腰
> 裙整体款式非常简洁，用印度细布做成的两根细细的
> 带子模仿希腊的款式在胸前交叉，裙摆也非常简洁雅
> 致。新娘头纱上的小皇冠装饰着橙色花朵，与裙身上
> 的橙色花朵相呼应。她手上没有捧花，也没有戴任何
> 首饰，只在手指上戴了订婚戒指，戒指上镶嵌了一颗
> 蓝宝石和两颗钻石。

另有其他报纸的报道如下：

弗朗西斯·弗尔森穿着象牙白绸缎礼服，头顶白
纱，非常可爱。礼服拖尾长达4码，礼服左侧拼接了
一块印度白纱，白纱一圈一圈在礼服腰部以下的裙子
外面罩了一层，边缘用橙色花朵点缀。整个礼服外面
还有一层白纱，软软地垂下，也是用橙色花朵点缀。
新娘的头纱用长达5码的白色真丝纱做成，用橙色花
朵固定在弗朗西斯的发髻上，一直垂到她礼服的巨型
拖尾上。礼服是短袖，因此新娘特意戴了一双长手套。

由于记者和艺术家们其实都没有真正见过这条裙子，
因此没有人能真正知道它到底长什么样子。

但是白宫给媒体的官方描述中有一个重要的细节，那
就是这件婚纱有一个非常长的拖尾。由此给了大家自由想
象的空间。这样也就不难理解，为何《哈珀周刊》和《弗
兰克·莱斯利月报》紧接着都对婚礼场景进行了艺术再现，
但是两家报纸描写的新娘婚纱却很不一样。有一点是一致
的，那就是婚纱有一个长拖尾。

婚纱故事未完待续

现在绝大部分的新娘，如果她们选择穿传统的结婚礼

服的话，要么会佩戴传家首饰，要么就会花重金在这条裙子上。祖母传下的结婚礼服先得拿出来改，然后才能穿，婚礼结束后要送去让专人清洗干净，叠好放好，以备日后之用。就算是买套全新的婚纱，也要做好日后还要给子孙后代用的准备。伴娘的礼服也是一代代传下去的，鲜有刚刚穿过的婚纱很快就被穿着出席其他场合的。

但是这位新娘，现在应该叫第一夫人弗朗西斯·克利夫兰了，就偏偏这么做了。在她婚后不久，她就把这条结婚礼服裙送去裁缝那里改了改，然后穿着它出席了公众招待会。毕竟，第一夫人要出席的公众场合太多了，她们得备很多衣服。格罗夫·克利夫兰一向节俭，他可受不了买一件衣服只穿一次这种行为。所以这条结婚礼服裙被染成了玫瑰红，那标志性的长拖尾也被裁掉了。后来，弗朗西斯又把这条裙子送出去改了改，穿着它画了第一夫人的官方肖像。没有人知道这条裙子曾经是她的结婚礼服，当时关于结婚礼服的描述如此五花八门，其中有一个不可告人的原因就是：不管这条裙子日后怎么改，没有人知道它就是当年那件婚纱，也没有人知道到底改了哪里。

这条礼服裙现存于史密森学会博物馆中，该馆一直努力把它还原成结婚典礼那天的模样，但是始终没有办法复原长长的拖尾。因此，除了格罗夫和弗朗西斯夫妇，没有谁更清楚他们宣誓结婚那天，弗朗西斯的结婚礼服长什么样了。

衬裙的故事

如果关于第一夫人弗朗西斯·克利夫兰的结婚礼服长什么样有两种不同版本的话，那么关于她衬裙的故事就有好几种说法了。

1886年，年轻貌美的弗朗西斯嫁给了当时的总统，一下成了报刊热议的对象。媒体似乎永远都以高涨的热情在报道她的点点滴滴，任何有关她的风吹草动都不放过。美国媒体的胃口越来越大，弗朗西斯本人脾气很好，从来没有抱怨过媒体的骚扰，但是克利夫兰总统不高兴了，他觉得媒体侵犯了他的私生活。他想尽办法保护他的新娘，甚至在乔治城买了房子，让她住到那里去，远离媒体的骚扰。他不介意每天在两地之间往返奔波。

19世纪80年代中期的时尚圈已经开始流行衬裙，其实12年前就已经开始流行这种裙子了，它代替了从内战时期开始流行的体积巨大的繁复的蓬蓬裙。衬裙与蓬蓬裙唯一的不同就是衬裙将蓬蓬裙覆盖在裙撑上的那些部分都巧妙地在背后束成一团，这样从侧面看还是跟蓬蓬裙一样有型。弗朗西斯·克利夫兰天生羞涩敏感，并不喜欢标新立异，喜欢随大流。她也不喜欢在穿衣打扮上标新立异，如果所有的女人都穿衬裙，那么她也穿，就这么简单。

关于第一夫人衬裙的故事很多，流传最广的一个是这样的：当时有一段时间没有第一夫人的新闻了，报刊的编辑们愁得跟热锅上的蚂蚁一样团团转，到处找稿件。于是有一个记者就杜撰了一篇题为"克利夫兰夫人弃穿衬裙"的文章。这下子女装裁缝们、新女性杂志、女装商店和所有的女人们都炸开了锅，他们一直要求克利夫兰夫人出来回应此事。她收到了几百封信，为了不让这个闯祸的记者为他造的这个谣搭上他的工作，第一夫人一言不发地定制了一条新裙子——没有衬裙——这条裙子在接下来的数年中成了时髦的款式，这种裙子被称为"吉布森少女装"，是一种运动感的西服裙。这条裙子的流行还拜查尔斯·丹娜·吉伯森所赐，此人既是记者，又是艺术家。

同一个故事的不同版本

有人说上述故事是一群记者杜撰出来的，他们事先串通好撒了这个弥天大谎。也有的说第一夫人其实一直都在追查到底是谁编出了这个故事，最后终于揪出了始作俑者，并要求他撤回整个不实的报道。还有说法是编造整个故事的是一个女记者。这些猜测跟历史中很多悬案一样，各种说法看起来似乎都有些道理，但又似乎都不怎么对劲。

虽然说法各不相同，但是有几点是一致的：1.整个故事完全是杜撰出来的；2. 弗朗西斯·克利夫兰对裙子有没有衬裙完全不在意；3. 她既没有控告媒体，也没有要求他们公开撤回这则不实报道，更没有采取任何可能伤害记者名誉的惩罚性行为；4. 她在这个报道出来几周（也可能是几个月）之后定制了一条没有衬裙的裙子。

有当代历史学家锲而不舍地想要刨根问底：到底是哪些人一起合谋了这个报道？都有谁参与其中？到底是哪家杂志社或者报社干的？到底是哪些记者编出来的？第一夫人最后到底有没有把肇事者揪出来？她到底是什么时候决定要买一条新裙子的？她到底收到了多少封责备或支持不实报道中她的行为的信？

这些问题对那些勇往直前的学者们来说可能是个挑战。但是这却冲淡了一个精彩的故事，把原本耐人寻味的东西变成了实实在在的各种细节问题。这样活活把一则野史逸事变成了对正史的脚注，把弗朗西斯只可远观的形象拉到了鸡毛蒜皮的凡间。

但是有一点是清楚的，克利夫兰夫人受关注的程度不亚于后来的第一夫人杰奎琳·肯尼迪。弗朗西斯年轻，受欢迎，她那脑满肠肥的丈夫长得有多么普通就衬出她有多么惊艳。她的微笑极富感染力，那甜美的酒窝让人迷醉。她长相甜美，身材姣好，不管穿什么都跟模特一样。只要她穿过的或者人们认为她穿过的就一定会流行。

她少言寡语，可能是因为本性娴静，也可能是因为她太年轻，毕竟只有 21 岁，是历任第一夫人中最年轻的。

因此，她丈夫希望她乖乖地待在家里，生活在他的羽翼庇护之下，"不需要树立什么公众形象"，他的原话就是这么说的。弗朗西斯对丈夫言听计从，她没有树立任何公众形象，她没有职业，不到公众场合露面，也不发言，不参与任何公众的事务，也不是任何非妇女事业的积极活动家。克利夫兰非常不喜欢妇女选举权运动，也不喜欢任何一种会占用女人时间并将她们的注意力吸引到家庭之外的活动。他的妹妹罗斯·伊丽莎白是一个坚定的女权主义者，她经常和他针锋相对，让他很头疼。

但是，不管有没有形象，弗朗西斯·克利夫兰说的话、做的事和穿的衣服都会成为 19 世纪八九十年代媒体新闻的来源。

 卡罗琳·拉维妮娅·司各特·哈里森

出生日期：1832 年 10 月 1 日

出生地点：俄亥俄州牛津市

父母：约翰·威瑟斯彭·司各特，

　　　玛丽·波茨·尼尔·司各特

丈夫：本杰明·哈里森

结婚日期：1853 年 10 月 20 日

子女：卢梭·本杰明·哈里森，

　　　玛丽·司各特·哈里森·麦基

做第一夫人时间：1889—1892 年

逝世日期：1892 年 10 月 25 日

墓地地址：印第安纳州波利斯皇冠山公墓

白手套

手套在早期是必需的衣服配件，无论男女都需要。手套的款式、颜色各异，戴手套的场合很多，因此有人成打地买。正装手套通常选用小山羊皮的，很难清洗。那时还出现了专门的修甲工具，一把硬毛的指甲除尘刷和一小条用来磨出指甲形状的金刚砂纸就是全套工具了。指甲油之类的东西是给舞台表演者用的，或者给那些下流的妓女们用。手部通常都是戴着手套的，但是白手套，棉质的那种，是不一样的。

可能今天看起来难以置信，但是当时的确有不少女性是喜欢干家务活的。你想要赞美你的祖母的话，"她把家操持得可好了"这句话就是最高褒奖了。

我们之前讲过的那些第一夫人们都是能干的家庭主妇，她们从小就被训练成了持家好手。她们一辈子的活动范围就在家附近，照顾家庭，养育子女，最重要的是要营造一个舒适的家庭氛围，有的甚至连仆人的活儿都自己干。

美国第 23 任总统本杰明·哈里森的夫人卡罗琳·司各特·哈里森就非常杰出。她在玛莎·斯图尔特眼中简直是一个天才管家，她各种家务活干得都很好。她生养了两个孩子，自己做饭、烤面包、修葺花园、做罐头、缝衣服、织布、设计服装。她加入了家庭活动组织，担任妇女俱乐部的主席，是教堂唱诗班的领唱，还能抽空画水彩画，水平远远超过一般人。美国内战后瓷器彩绘开始流行，她很快就学会了，成了专家。她在印第安纳州波利斯的家中建了一个专门的烧窑室，教当地的名媛贵妇们瓷器彩绘。

毋庸多言，只要是跟家有关的东西，都逃不过卡罗琳·哈里森那挑剔而专业的鉴赏。

管家第一夫人：1889—1892 年

毫无疑问，卡罗琳·哈里森当上第一夫人进驻白宫后的第一件事就是对白宫里里外外、上上下下来一次白手套检查。这里要给各位没有这方面常识的或者特别年轻没有经验的读者们解释一下，所谓的白手套检查就是戴着白手套，把家里的每个角落都仔细检查一遍，这样马上就能发现哪里需要除尘，哪里需要重点打扫了。

57 岁的卡罗琳有条不紊地把白宫检查了个遍，从地下室到阁楼，每一个角落，每一处缝隙都没有放过。她在阁楼里发现了一个宝贝：前总统们留下的一些残破的瓷器，堆了太久，全都积满了灰。她身上作为一个瓷器画师的潜能被激发出来了，于是拿了几件到楼下细细检查，想要分辨出到底是哪一任总统留下的。这就是今天非常受欢迎的总统瓷器收藏的发端。

但是总体上说卡罗琳·哈里森对她的检查结果不够满意。白宫已有差不多100年的历史，急需整修和彻底扫除。屋子里有老鼠，有些死老鼠都风干了；有的木材已经腐烂，有的被白蚁蛀了；还有好些地方多年来都没有翻新过，比如厨房。之前的那些第一夫人们都只是让白宫的仆人们准备餐食，打扫房间，自己只是例行监督一下。卡罗琳之前的白宫第一夫人是弗朗西斯·克利夫兰，她当时才20多岁，整天忙着照看孩子和应付第一夫人的各种职责，她根本就不会做饭。哈里森夫人可不会像她一样，她自己就很会做饭。她觉得1889年的厨房应该把很多家用电器更新换代了，这些家电还是40年前波尔克任总统的时候装的。

白宫美容师

本杰明·哈里森全家是1889年入住白宫的，哈里森夫人、儿子全家及女儿全家都一起搬了进去，后来哈里森夫人又邀请她年迈的父亲搬过来一起住。当时卡罗琳的父亲年近90，一直跟着卡罗琳孀居的姐姐和同样孀居的侄女住。所以，如果父亲搬到华盛顿来的话，那么姐姐和侄女也会一起搬进来。这样算起来一大家子人，加上婴儿，总共有11口人，但是白宫只有5个卧室1个卫生间，根本就没有客房。

当时正值内战后工业时代的鼎盛时期，哈里森夫妇搬进白宫的时候，电灯已经问世 10 年了，纽约城也早就用上了电灯，白宫居然没有电灯，这个怎么都说不过去，这位第一夫人肯定不满意了。

哈里森夫妇想着如果要新装一个烤箱、一个冰箱的话，干脆把电灯也一起装了。其实早就该装了，国会也不会反对。因此，总统夫妇一不做二不休，干脆请来了电灯的发明者托马斯·爱迪生对白宫安装电灯的问题进行了评估。这位伟大的发明家欣然同意，带着他几位得力的工程师去华盛顿实地考察。他们在白宫附近仔仔细细逛了个遍，用了两天的时间得出一个结论：要给白宫装电灯和在白宫用电器是不可能的。爱迪生说要用家电和电灯，就要给白宫布上电线，所有的电线布好，白宫就会潜在严重的火灾危险，一旦着火，整个白宫就会变成一个火药桶。

卡罗琳想要一座宫殿

电、火灾危险和火药桶都是恐怖的字眼，因此听到这些信息后，爱家如命的哈里森夫人就开始了一个工程，这个工程在当时很有必要，那就是把老的白宫拆了建一座新的。她是受了维也纳美泉宫的影响，想要建一座集住宅、办公场所、对公众部分开放的博物馆于一体的大宫殿。这样的话新的白宫就可以合理地布上电线，装上现代化的家电，有足够的房间和卫生间，也不用担心鼠患或者木头的腐朽和修护问题了。

国会表示同意，按照他们一贯的风格，他们组织了一个委员会就此事进行讨论。哈里森夫人也在这个委员会里，她发挥了积极的作用。他们邀请建筑公司前来投标并提交设计方案，最后美国最大的3家建筑公司带着设计图纸前来投标，这些设计图纸到今天依然保存在档案馆中。这些设计都煞费苦心，宏伟壮丽，非常接近哈里森夫人的设想。

议会逐一审查了这些设计稿，表现出罕有的慎重，最后否决了这些设计。否决的原因并不是因为价格过高，而是因为会损害这栋老房子里面蕴含的深远而无可替代的国家历史。100年以前，乔治·华盛顿本人亲手为白宫奠基，这里曾经是杰弗逊和林肯住过的家，这里是多莉·麦迪逊举办她蜚声全国的晚会的地方，这里也是存放华盛顿肖像的地方。那些烧焦的断壁残垣让人依稀可见1812年白宫那场大火的痕迹。这栋房子里的历史是没有办法被还原的，绝不能让它消失。

这个决定是明智的，议会投票通过了对老房子的修缮计划，包括安装电线所必需的改造工程。所有的这一切都是因为第一夫人卡罗琳·哈里森对白宫进行了白手套检查，发现她前面那些总统夫人们都一直住在垃圾堆里。

故事的后续

现代技术总是在不停地更新、发展中。仅仅过了12年，由哈里森夫人促成的这些修缮在当时的总统西奥多·罗斯福眼中就变得太过时了。于是他又开始了对白宫新一轮的大修整，里里外外都弄了个遍，包括白宫西翼的建筑在内，全都换上了当时最新的建筑材料。哈里森夫人改造白宫时花掉的天价美元跟新世纪国会批给罗斯福总统的钱相比简直是不值得一提。

然而罗斯福总统的改造持续了50年。连年的以总统名义扩建所带来的压力和电力负荷让白宫又一次变成了潜在的火药桶，随时都面临火灾的危险。白宫彻底关闭了两年，直到杜鲁门政府上台，白宫才又变成了像样的总统官邸。

 艾达·萨克斯顿·麦金莱

出生日期：1847 年 6 月 8 日

出生地点：俄亥俄州坎顿

父母：詹姆斯·阿斯博瑞·萨克斯顿，

　　　凯瑟琳·德沃特·萨克斯顿

丈夫：威廉·麦金莱

结婚日期：1871 年 1 月 25 日

子女：两个女儿（夭折）

做第一夫人时间：1897—1901 年

逝世日期：1907 年 5 月 26 日

墓地地址：俄亥俄州坎顿威廉·麦金莱纪念馆

卧室拖鞋

可怜的艾达，她结婚才 4 年，幸福生活刚过了没几天，就先后经历了母亲去世，两个孩子夭折之痛，然后自己也病倒了。

艾达·萨克斯顿·麦金莱自小生活在俄亥俄州坎顿一个富裕的家庭，父亲是银行家。她有一个富足、无忧无虑的童年。23 岁那年她嫁给了威廉·麦金莱，此人在内战中是名誉少校，内战结束后搬到了坎顿，在当地做律师。少校向艾达求婚，可把艾达一家乐坏了。婚后这对小夫妻如胶似漆，婚后一年他们的女儿就出生了，一家三口其乐融融，幸福无比。

两年后艾达再次怀孕，这次出现了两个并发症：一个是膝盖附近的浅表性静脉血栓，这让她经常腿疼，走路都走不稳；另一个是癫痫，这个病跟了她一辈子。27 岁的时候，她就必须要借助拐杖走路了，很多日常活动她能不参加的就不参加。

浅表性静脉血栓在维多利亚时代非常常见，就是到了今天也依然是一种严重的疾病。血栓时刻都有破裂的危险，还可能随着血液循环到肺部，这样就会有生命危险。

当然，今天这些情况都能得到相应的有效处理，但是在1875年，医生能做的只有让病人静养，将下肢抬高，平时拄拐杖行走，如果有任何不适的话就采用冰敷或其他方式暂时缓解。

早在圣经时代人们就发现了癫痫病，但是一提到这个病人们还是觉得是种耻辱。因此，在艾达面前医生们从来都不会提这两个字，虽然他们对病人的病情心知肚明。艾达发病的时候就会头晕目眩，精神紧张。今天癫痫病是完全可以得到治疗的，但是在19世纪70年代，医生们却束手无策，只能在病人发病时给予大剂量的麻醉剂和镇静剂。

艾达的病让她没有办法再生养子女了，夫妻两个人的生活也受到了限制，很快，她接连遭受了两个打击。先是她的小宝宝——就是生了这个宝宝之后她的身体才垮掉的——先天不足，生下来4个月就夭折了。之后不久，小凯特，夫妇俩的心肝宝贝，也病了，在4岁生日前夕也夭折了，这一年对他们来说简直就是黑暗笼罩的一年。

这一切对艾达来说太难接受了，她变得极度消沉。长期的萎靡不振让她出现了精神方面的问题，即非间歇性人格障碍，表现为过分沉溺于自我世界无法自拔，过分关注她的丈夫，因为这是她在世界上唯一的亲人了。她的视线一刻都不离麦金莱，时刻担心他，甚至出现了幻觉，觉得他会被谁扣起来，这些精神问题又会导致癫痫的发作。她的世界变得极度狭隘，她所有的兴趣都集中在自己身边的小小世界，集中在她丈夫身上，集中在两个人的生活中。

照顾艾达

艾达·麦金莱的身体状况就这样急转直下，150多年后的今天，我们可以很有信心地说，她的这些生理和心理的疾病都可以通过现代化的医疗和心理诊疗手段加以治疗，甚至痊愈。要是放在今天，她完全可以要求特护和特殊的治疗方式，而且她的生活不会受到那么大的影响。

可能麦金莱觉得换种生活对两个人都好，于是就参加了国会议员的竞选并当选。他卖掉了坎顿的这栋充满了悲伤回忆的房子，来到了华盛顿，考虑到艾达完全不能承担任何家务，两个人暂住在艾比特之家酒店里。艾达身边一刻都不能离人，所以他还高薪请来了一位全职护士照顾艾达。

但是1875年的艾达需要的是一种绝对稳定、一成不变的生活。没有压力，无欲无求，没有突发状况，这也是当时医生给艾达制订的治疗方案。麦金莱夫妇一直都在求医问药，在接下来的15年中，两个人寻访过的医生足足有几十个，他们甚至到纽约和费城去找医生，他们抱着一丝侥幸，希望艾达的病情能够好转。

艾达的拖鞋

毋庸置疑，因为病痛的限制，很多事情麦金莱夫人都不能做，她需要一些安静缓和的爱好和活动来打发时间。她的爱好之一就是用钩针织拖鞋，据估算，她在30年间织了5 000多双拖鞋。织拖鞋是她生活中雷打不动的一个环节，所有的拖鞋都一个款式，颜色也只有两种：灰色和蓝色。但是拖鞋的尺码是齐全的，她织好了就分发给亲朋好友，给朋友的朋友，后来甚至连陌生人都给，她还捐了上千双给慈善机构。

在麦金莱担任总统期间，总统夫妇对一切合理的慈善请求都来者不拒。白宫会将麦金莱夫人亲手织的拖鞋捐出来进行拍卖，据说通过这种方式筹集到了不少善款。

有意思的是，艾达拒绝在家里静养，她总是尽可能地参加丈夫的各种活动。麦金莱政治上的伙伴都表示不能理解，艾达那种让人透不过气的个性让他们都很反感。艾达还跟着丈夫一起旅行，尽管旅途需要乘坐各种交通工具，尽管他需要最快地让她远离公众的视线以免招来议论，艾达还是固执己见地一路陪着。路上还带着她的钩针编织袋，带着那些纱线，边走边织拖鞋。

艾达极其崇拜她那温文尔雅、忠贞不渝的丈夫，崇拜到了近乎偏执的地步。他为了她牺牲了自己的很多幸福，他把每一间屋子都挂上自己的照片，这样可以让艾达时时刻刻都能感受到他的存在。为了显示她对丈夫的忠贞，她用了一种很奇特的方式，选了一张她最喜欢的丈夫的照片，小心翼翼地把它缝在了她的编织袋的底部。

这并不是一个杜撰的故事，是一桩佳话。这个编织袋现在保存于俄亥俄州的麦金莱博物馆，没错，麦金莱先生的照片干干净净地被缝在袋子的底部。

白宫行头

艾达·麦金莱的父亲詹姆斯·萨克斯顿曾是俄亥俄州坎顿一位富有的银行家，坎顿在内战之后的数年内一直是一个富庶的城市。詹姆斯 1887 年去世，给艾达留下了接近 10 万美金的遗产，相当于今天的 200 万美金。她变成了一个实实在在的富婆，威廉·麦金莱一辈子也没挣到这么多钱。

虽然艾达个子娇小，但是她和丈夫在酒店借住的时候每餐都吃得很铺张，她还喜欢那些昂贵华丽的服饰。衣服上的蕾丝、褶皱和荷叶边越多越好，款式越繁复越好，她还喜欢钻石。她生命中的悲剧刚刚揭幕的时候，鉴于她生活中已经没有什么能够让她真正快乐起来了，所以她丈夫就宠着她，放任她由着性子乱买一气。在威廉心里，她永远都是他在坎顿遇见的那个最漂亮的小姑娘，只要在他能力范围以内，他一定会满足她，要是她想要买漂亮衣服，买就是了，毕竟，她花的是自己的钱。

威廉·麦金莱1896年当选为总统，其时艾达已经50岁了，她决定要给自己打造一个全新的衣橱。虽然身体不好，但是她还是非常明确地表示自己会好好履行第一夫人的所有职责，让自己做一个名副其实的第一夫人。她家也没有什么年轻的侄女可以替她在社交场合应酬，但是考虑到这些活动可能会彻底摧毁她的身体，她的这个要求也很难被接受。麦金莱表示赞同，这一点他政治上的伙伴和生活中的朋友都能理解，他们认定艾达就是来让总统分心的，搞不好还要拖他的后腿。

因此，艾达买了日间外出的礼服、晚礼服、下午茶礼服，还有全套的配饰。她的这些新行头据说价值超过了10 000美金，包括8套正式礼服，一顶有白鹭羽毛头饰的帽子。这个价格与70年后白宫调整第一夫人的置装费后批准给肯尼迪夫人的总价持平，但是艾达置办的衣服没有半点肯尼迪夫人服饰的经典可言。

艾达对服装的品位完全无法引发民众的追随，这一点根本无法与年轻的弗朗西斯·克利夫兰相比。麦金莱夫人任第一夫人期间，流行的新女性形象强调新世纪健康、运动的女性形象。查尔斯·达纳·吉卜森笔下的杂志插图将没有衬裙的窄身A字裙和男性化不收腰的衬衣、夹克推向了潮流前线。这些衣服就是那些打高尔夫、打网球、骑自行车的女孩们的装束。孱弱的麦金莱夫人的形象与生机勃勃的健康形象相去甚远，她喜欢的还是她年轻时候流行的那种时尚。所有的衣服都必须用最上等的布料做成，边缘要细细地用缎带或蕾丝装饰，看起来就像一朵包装繁复的花，艾达整个人就像被衣服包裹起来一样。有一个到过白宫的人曾经这样评价说，她看起来这样孱弱，似乎都不能承受手指上戒指的重量，但是她就喜欢这样。

1896 年，麦金莱参选总统，这在很多历史学家眼中拉开了现代政治公开化的序幕。这要感谢麦金莱的密友兼顾问马科斯·A. 汉纳的经济支持，候选人的形象出现在了整个美国的大街小巷。候选人和麦金莱夫人的照片随处可见，艾达脸上依稀可见当年的动人模样，身体好的时候她还是很上相的。报刊大肆渲染这位未来的第一夫人有一位多么爱她的丈夫，这一招对于各个选区的选民都很见效。大家都知道艾达是个半残废，行动都要靠拐杖。唯一秘而不宣的就是她的另一个疾病，这个病永远都没被提起，只是模模糊糊地说她偶尔会头晕目眩，精神紧张。

麦金莱团队的这些幕后推手们终于发现了艾达的另一件事情，他们很愿意将它透露给记者和读者们：他们一直都不避讳她的新衣橱，也不避讳这些衣服的天价。这是艾达有限的生活中唯一的乐趣所在，也是她唯一能够拿出来与公众分享的了。艾达对这种曝光表示非常满意。

 爱迪丝·克尔米特·卡罗·罗斯福

出生日期：1861 年 8 月 6 日

出生地点：康涅狄格州诺维奇

父母：查尔斯·卡罗，格尔楚德·泰勒·卡罗

丈夫：西奥多·罗斯福

结婚日期：1886 年 12 月 2 日

子女：爱丽丝·李·罗斯福·朗韦尔什（继女），

　　　西奥多·罗斯福，克尔米特·罗斯福，

　　　依瑟尔·卡罗·罗斯福·德比，

　　　阿驰伯德·布洛克·罗斯福，昆汀·罗斯福

做第一夫人时间：1901—1909 年

逝世日期：1948 年 9 月 30 日

墓地地址：纽约州牡蛎湾酋长山

贵妇帽

19世纪末20世纪初，流行时尚前前后后经历了几次变迁，从玛莎·华盛顿时代的头巾式女帽到多莉·麦迪逊的窄檐帽，再到内战时期缎带装饰的无边呢帽，女性自身也经历了巨变。她们变得越来越健康，体形越来越美，更渴望家庭之外的工作。母亲、祖母那两代流行的弱柳扶风的病西施样再也不是她们所推崇的样子了。爱迪丝·罗斯福就是这样的一位新女性，她虽然从来没有跟丈夫一起出门去打过猎，但是她会定期跟他一起骑马，到长岛湾中划船、游泳，还很勇敢地到非洲去骑骆驼和大象。

20世纪初流行的是男款的女衬衫和简洁的女裙，与之相配的则是怀旧的贵妇帽，就是一个世纪以前法国路易十六的皇后玛丽·安托瓦内特最爱的那种。这种帽子硕大、宽檐，帽檐就像一个车轮，通常有羽毛、缎带、鲜花的装饰，那个年代的女人，不论什么年龄、职业、身份、地位，都喜欢这种帽子。

在所有嫁给总统的第一夫人中，爱迪丝是最独特的一位。她的丈夫西奥多·罗斯福有多么渴望公众的目光，她就多么努力地逃避公众的追逐。而且她跟茱莉亚·格兰特一样，不喜欢照相，虽然她并没有什么相貌上的缺陷。她留下的照片不多，她的形象，无论是以照片形式呈现的还是通过语言文字记载的，都是一个酷酷的形象，穿着白色的麻布裙子，坐在长岛酋长山自家的院子里，靠着藤蔓密布的圆形拱门，或织布或阅读。

她在白宫居住了 7 年多，整天忙忙碌碌，大家都很喜欢她。她用自己安安静静不声张的方式，在白宫留下了印记。或许她在贵妇帽遮掩下的脸，是一副更加自在快活的模样。

酷女士爱迪丝

爱迪丝·卡罗其实根本不是一个外向的人，她身上有着正统的纽约血统，但是她的父亲是个酒鬼，因此家境一直不好。爱迪丝最大的福气莫过于邻居是纽约富裕的罗斯福家族了，从小她就在罗斯福家进进出出，参加各种活动，她的密友就是西奥多的妹妹科琳。罗斯福家一共有 4 个孩子，都跟她年纪相仿，因此她很容易就跟他们玩在一起了。

很多人都觉得爱迪丝长大后自然会嫁给西奥多，因为他俩关系一直都很好。当然最后他俩也的确在一起了，但是过程并不像大家想象的那样。西奥多·罗斯福在哈佛大学念书的时候遇到了美丽的爱丽丝·李，两个人一见钟情，于是西奥多娶了爱丽丝。

爱迪丝不仅没有嫁给西奥多，而且因为家庭的经济状况，她也没有办法出现在各种上流社交场合，甚至大学都念不起。她的社会地位让她找不到报酬丰厚的工作，她能得到的机会太少了。可能她一辈子都会因此戴着一顶隐形的贵妇帽，遮掩她内心深处的失望。

3 年后，爱丽丝·李·罗斯福因难产去世，留下了悲恸欲绝的丈夫和一个初生的婴儿，这个女儿继承了她母亲的名字，也叫爱丽丝。两年之后，25 岁的爱迪丝与 27 岁丧妻独居的西奥多重逢了，两个人之间曾有的爱恋和共同的兴趣被重新点燃。他们结婚了，婚后又生了 5 个孩子。

堪称典范的罗斯福夫人

我们常常会好奇，到底是怎样的女人才能配得上这样心怀天下的男人。如果说西奥多·罗斯福喜欢开快车的话，那么爱迪丝毫无疑问就是那个帮他踩刹车的人。她还是他稳稳的方向盘，指引着这个男人去每一个地方，做每一件事情。爱迪丝要掌管家务、采买家庭所有要用的东西，管孩子（西奥多只负责跟孩子玩耍），还要一直高度警惕地盯着丈夫在政治上的一言一行，激进的罗斯福非常需要有人盯着他，帮他克制。

从理性上讲，爱迪丝是一个最佳伴侣，罗斯福夫妇很喜欢读书，多年来保持着每日读一本书的习惯，这个好习惯传承给了他们的孩子。西奥多喜欢科学、历史和政治类的书籍，而爱迪丝则偏爱文学艺术类的书籍。他俩都喜欢读诗，诗歌是他们日常餐桌上讨论的话题。

最重要的是爱迪丝给了西奥多足够的空间，他高度独立，对个人空间的需求非常高。他兴趣爱好广泛，经常兴致一起来就约上三五好友离家，一走就是数周甚至数月。爱迪丝经常独自在家照顾6个孩子，动不动还要拖儿带女，带着那么多书在华盛顿和酋长山两地之间往返，而她的丈夫却在外打猎、露营、跟幕僚们一起谋事或独自逍遥，爱迪丝会不会不高兴，我们不得而知，可能这也是她戴上那顶贵妇帽想要掩饰的。

可能隐形的帽子掩饰着的还有她内心的痛楚，她清晰地知道，自己并不是西奥多的第一选择，她只是凭着幸运之神的眷顾才能嫁给自己心仪的男人。

从另一方面来讲，爱迪丝一直温和但坚定地拉着西奥多不要太过激进。她在政治领域从来没有放松过对自己的要求，她差不多读完了西奥多所有的发言稿和文章，用她敏锐的眼睛挑出里面可能会引起争执的那些言辞和评论。在公众场合，如果她发现他正在做的事情可能会犯众怒，只需轻轻说一声"西奥多，停"，他马上就会停下来。这是只知道向前冲的西奥多最需要的，他爱开快车，脚永远都放在油门上，需要一个人来帮他踩刹车，他的直率有时会伤人，而她与生俱来的分寸感就刚好能阻止事情的发生。

羽毛贵妇帽

爱迪丝·罗斯福从来都不是以一种时尚达人的形象
出现的，这点跟她的继女爱丽丝截然不同，两个人只有
一点相似之处，都戴时髦的贵妇帽，都魅力十足。上头
条的不是第一夫人爱迪丝，而是爱丽丝，这个艳丽的美
国第一千金。人们谈论、效仿的也是爱丽丝的穿着打扮，
爱丽丝对颜色的偏爱甚至还成了歌曲的创作灵感。爱迪
丝仅仅是看起来赏心悦目，就算爱迪丝心里曾经对此有
些忌妒，但是她从来都没有表露出来。白宫官方画像上
非常到位地表现了她的样子：一袭白裙，外罩一件海军
蓝夹克，戴着一顶超大的羽毛贵妇帽。白色是她的偏好，
海军蓝是她的本色，画家精妙地把握住了第一夫人的本
性，很好地彰显了自身的技艺。

爱迪丝不喜欢照相，也不喜欢站在舞台中央，因此她
的照片不多，与之形成鲜明对比的是她丈夫的照片却随处
可见。后来随着摄影技术的进步，摄影师完全可以在被拍
摄者完全不知情的情况下完成偷拍，可即便如此，我们见
到的爱迪丝的照片还是不多。罗斯福家的孩子们有很多在
白宫中的生活照，爱迪丝在白宫中的生活照却寥寥可数。

爱迪丝做第一夫人期间对白宫进行了一次彻底的大
修，显然，爱迪丝在设计和重装两个方面都起了很大的作

用。西奥多当然也在白宫的办公室建设方面投入了大量的精力，但是白宫整修的各个细节都是在爱迪丝的监督下进行的，在她的主导下，白宫变成了今天这种标志性的白色，东厅是金色的，简洁雅致。她并没有因这些工作获得任何荣誉，也没有任何人对她公开表示感谢，但是大修过后的白宫处处都彰显着她的品位。

她仅仅是想把自己隐藏在光芒背后，隐身在那顶贵妇帽下，这就是她的选择。

 海伦·赫朗·塔夫脱

出生日期：1861年1月2日

出生地点：辛辛那提

父母：约翰·威廉姆森·赫朗，
　　　哈瑞特·柯林斯·赫朗

丈夫：威廉·霍华德·塔夫脱

结婚日期：1886年6月19日

子女：罗伯特·阿方索·塔夫脱，
　　　海伦·赫朗·塔夫脱·曼宁，
　　　查尔斯·菲尔普斯·塔夫脱

做第一夫人时间：1909—1913年

逝世日期：1943年5月22日

墓地地址：弗吉尼亚州阿林顿国家公墓

爱德华时代的礼服裙的故事

　　1908 年威廉·霍华德·塔夫脱当选美国总统，他当时的年薪高达 75 000 美金。在过去，他一直是律师、法官，这些工作属于公共服务行业，薪水虽然不低，但算不上丰厚。后来有几年的时间，威廉的哥哥，非常有钱的查尔斯·P. 塔夫脱一直资助这个弟弟，让他能够更容易地融入上层社会。当上总统之后，威廉·塔夫脱挣的钱是以前的 5 倍。

　　塔夫脱夫人，结婚前叫海伦·赫朗，出生于一个拮据的图书商人之家，乳名叫内莉。10 多岁时她和父母有幸经拉瑟福德和露西·海斯夫妇的邀请，到白宫参观过一周。从此，她的目标就锁定在了白宫。

　　内莉和威廉之间的婚姻就是她达成目标的途径。她是一个喜欢政治的人，会按时交党费，做的决定一定能找出正当的理由，有正当理由的事情她一定会支持，她只招待塔夫脱的客人，在一切公众场合都尽可能地好好表现。要是必须委屈谁，她宁愿是自己。

　　但是在 1908—1909 年的第一夫人准备期间她可没有再委屈自己。威廉·塔夫脱，这个有着重达 300 多磅的巨

大身形，却拥有一颗泰迪熊般天真心灵的人，深爱着他的
夫人。他很清楚，他今天之所以能够坐上总统的位置，全
靠她不达目的不罢休的敦促，他自己经常都不知道自己是
不是要去当总统。他很坚决地让海伦把她衣橱里的衣服全换
了，钱不是问题，他就是想向他的军事顾问阿奇·巴特炫耀。

时髦的塔夫脱夫人

当时海伦·塔夫脱48岁，风姿绰约，她的轮廓有些
硬朗，就像她说话的风格一样。她身高5英尺4英寸，身
材很棒，体重大概只有135磅，不胖不瘦刚刚好，满头青
丝，没有一根白发。要是谁想要看看爱德华时代的美人，
那么看塔夫脱夫人就好了，她就是爱德华时代典型的绝代
佳人。

她购置的新礼服，华美优雅，完全符合她的全新身
份。高高的领口外配宝石项链，长长的袖子用小珠子细细
镶边。英王爱德华七世的王后，曼妙优雅的亚历山德拉让
蕾丝、绸缎还有时髦的纤细曲线变成了时尚，这些元素恰
好也适合这位美国第一夫人。海伦穿着这样的礼服拍摄的
白宫照光彩照人。

除了海伦外，只有100多年前的多莉·麦迪逊算得上
是这样一个占尽了天时、地利和时尚的女人。

悲伤的塔夫脱夫人

　　海伦·赫朗·塔夫脱只过了几个月穿华服享受新生活的日子，这种生活是她梦想了几十年才得到的，所以她非常清楚自己到底想要什么。她出行不再坐马车，改乘汽车；她选中了潮汐湖的人民公园，在那里举办免费的音乐会，这是塔夫脱还在菲律宾任总督的时候她就渴望的生活。她马上就开始享受上层社会优雅的生活，尽情地享受一切，就像她多年梦想的一样。

　　海伦是一个复杂而有紧迫感的人，脑子里的弦随时都绷得紧紧的。虽然她有着过人的管理和领导天赋，但是她还是经常在夜里担心白天做的决定是否正确。当她一手筹办的人民公园开放后，她担心没有人会来，事实上有10 000人参加了音乐会的首场演出。

　　就在塔夫脱任总统后不久，海伦中风了，留下了失语症的后遗症，结果就是她无法正常阅读、书写，也无法正常说话了。最难过的是，失语症病人的思维能力和理解能力并没有遭受任何影响。海伦什么都知道，她的记忆力也很好，但是她就是没有办法跟人交流，也没有办法加入别人的讨论。更糟的是，她的嘴唇开始明显下垂，因此她再也不愿意外出就餐了。

　　她花了整整4年时间来进行康复治疗，才刚刚恢复一点，她就又开始承担起大部分的第一夫人的日常工作了。只要问题问得简单一些，她就能用是或否来回答，这样她又可以处理事情做决定了。她开始帮忙筹划并组织重要的国宴，当然她自己并不参加。

塔夫脱的军事顾问阿奇·巴特少校，曾用这样让人心疼的语言描述塔夫脱夫人是怎样精心筹备一场她本人并不能参加的国宴的：有一间小小的前厅跟国宴厅毗邻，里面有一张桌子，只能坐下一个人，桌上放着白宫定制的瓷器、水晶摆件，还有插着鲜花的银花瓶。塔夫脱夫人穿着精心挑选的礼服，一件不落地戴上珠宝首饰，盛装走进去，独自坐下来，开始享用国宴的食物——这些菜肴也是她一手安排。通向国宴厅的那扇门虚掩着，这样她可以断断续续地听到国宴厅里的对话。

流行遗赠

可能海伦几个"第一"（虽然她以第一夫人身份积极在公众场合露面的时间只有短短三四个月，但是她还是努力地创造了好几项"第一"）中影响最深远的应该是她第一个将自己参加总统就职典礼所穿的礼服捐赠给史密森学会博物馆，这件衣服一直在该馆保存至今。

从此这就变成了一个惯例，整个20世纪的历届总统和第一夫人都将它延续了下去，这一传统在未来还将继续延续下去。之前的第一夫人们也有捐赠自己衣服的，但大多是去世后由家人捐赠。即便如此，也没有人捐赠过自己参加总统就职典礼所穿的礼服，海伦是第一个，而且是她自己主动捐出来的。

史密森学会博物馆的第一夫人物品展长期对外开放，一直是美国境内最受欢迎的展览。

银匣子

白银虽然不是布料，但是白银能做成装饰性很强的美观的饰品被珍藏，被世代相传。鉴于此，海伦的银匣子，作为一种时尚摆件，也要算在内了，这个故事还蛮有意思的。

结婚 25 周年纪念日通常被称为"银婚纪念日"，举办派对庆祝肯定是必不可少的，因此，威廉·霍华德·塔夫脱总统和总统夫人，也就是海伦·赫朗，在 1911 年庆祝他们结婚 25 周年也是很正常的事情。他们为此在白宫举行了一个私人派对，白宫虽然是暂时居住地，但是也算是他们当下的家。

在塔夫脱上任前 30 多年，拉瑟福德·伯查德·海斯总统和夫人露西就曾在白宫庆祝过他们结婚 25 周年，当时还邀请了家人和部分朋友来一起庆祝，当时受邀的就有海斯总统的老朋友赫朗一家。于是约翰·威廉姆森·赫朗带着当时 10 多岁的女儿海伦来到了华盛顿，海伦完全被海斯夫人的魅力所折服，深深沉醉在白宫之中——她眼中的白宫是那样雄伟，那样典雅，整个建筑都闪烁着至高无上的权力之光。她彻底沉醉了，幻想着自己长大后有一天也要做这里的女主人，从此之后，这梦想之火就没有熄灭过。

她嫁给威廉·霍华德·塔夫脱是经过了深思熟虑的，她精心挑选了一个有能力、有天分的人来帮她完成自己的梦想。她一根筋地在仕途上勤勉耕耘，帮助丈夫把他的目标从最初的做最高法院的法官变成了更远大的志向，在美国首都华盛顿的宾夕法尼亚大道上展开更宏伟的人生篇章。

10 年后，麦金莱总统任命塔夫脱为菲律宾总督，塔夫脱不辱使命，业绩斐然。在马尼拉，海伦宛若第一夫人，她把它当作日后在华盛顿的生活的带妆彩排。在她的整个婚姻生活中，她关注的不仅仅是要住进白宫，也同样重视她到底能在社交、智力和艺术方面为丈夫做出多少贡献。她存在的一切意义都是围绕着她的白宫梦展开的，她一直期待着这一天，一直期待到迷醉。

决定要开派对了

举办这次结婚纪念派对的首要原因是这是一场私人派对，塔夫脱夫人能参加。

1909 年塔夫脱宣誓就任总统后没过几周，海伦·塔夫脱就中风了。虽然她没有就此瘫痪，但是留下了后遗症，从此无法正常说话、阅读和书写。她的嘴耷拉了下来，这让她无法在公共场合露面。那一年半的时间对她来说相当灰暗，她一直努力进行各种康复治疗，希望能够恢复正常。塔夫脱深爱他这个雄心勃勃的夫人，只要她在白宫的日子能够快乐，他愿意为她做任何事情。虽然海伦脸上青春不再，宁愿为了舒服一点而放弃打扮，但是一想到这个结婚纪念派对，她就满心希望，尽可能积极地参与筹备。

两个人的银婚纪念派对对他们的家人和挚友而言绝对是个大事情，塔夫脱和他夫人各自的家庭都人丁兴旺，关系融洽，兄弟姐妹众多，侄子们也都成人了，这些人都要被邀请到。塔夫脱夫妻俩都是喜欢政治的人，喜欢社交，在过去的 25 年中结交了不少朋友，毫无疑问，这些朋友也在受邀之列。

宾客名单越来越长

但是这场私人派对开始越来越失控了——起码在宾客名单方面如此。总统的内阁成员都应该被邀请，因为他们是他工作上的家人。最高法院的法官们应该被邀请，国会领导们也应该被邀请，可能还需要邀请所有的众议员和参议员。于是，宾客名单越来越长了。

塔夫脱夫妇两个人都是俄亥俄州人，对俄亥俄州有着很深的个人感情和政治感情，因此，俄亥俄州共和党的统治集团成员都应该被邀请，包括俄亥俄州现任、历任州长以及其他领导人。要是俄亥俄州州长被邀请了，那么其他州的州长也应该被邀请，无论他们属于共和党还是民主党。

高级将领、各级政要还有外交机构的官员也都应该被邀请，但是，如果邀请了外交官而不邀请他属国的领导人似乎又不妥，这样一来，宾客名单中就有了许多夫妻俩未曾谋面之人，这些本来是此生跟塔夫脱夫妇没有交集的人，但是又必须邀请他们，就这样，这个派对开始失控了。

最后总共发出去了 8 000 多封邀请函，实际到场的宾客有 7 000 多人。

银器大厅还是运银车

对于今天的派对而言，主人通常都会特别提醒"谢绝礼物"或者是建议宾客通过向指定慈善组织捐赠来表达对主人的谢意。但是当时塔夫脱夫妇并没有这样做，由于结婚 25 周年算银婚，因此来宾们的礼物堆积成山，能装满一辆康斯塔克矿上的运输车。

他们收到了各式各样的银碟子、银盆、银茶具、银瓮、银托盘还有银烛台，造型各异，大小不一，价格不等。还有自来水笔、墨水瓶、文具组合、橄榄叉、泡菜叉、名片盒、卫生间套件以及送给塔夫脱夫人的珠宝。很多礼物上面都刻上了祝福的话语，所有的礼物都是质量最好的，毕竟，这是送给美国总统的私人礼物。也因为这是私人礼物，而不是属于国事礼物，所以塔夫脱夫妇只能自己收下所有的东西。

根据当时的习俗，总统的礼物通常都要在白宫某一间屋子里展出，于是这些东西被堆在一张张的桌子上，凡是参观过的人都会被堆积成山的银器所吓到。受邀来白宫做客的人、来白宫参观的人和普通旅行者，看到这么多的银器都惊得合不拢嘴。事实上，有风言风语说来访者看到这些东西都会不怀好意地觉得这些东西仿佛是抢来的一般，他们都暗自思忖，别人送给你这么多，那么你到底要还给别人多少呢？

于是他们把自己逼入了一个为人所不齿的境地，塔夫脱夫人开始从这堆东西中挑选出一些来转送他人，他们几乎不用那些东西。在第一次世界大战中，他们还把这些礼物变卖了不少，对外说是为了偿还国债。

这些礼物中还有一部分逃离了公众视线，被保存在塔夫脱的家乡俄亥俄州辛辛那提。

 爱伦·路易斯·亚克森·威尔逊

出生日期：1860 年 5 月 15 日

出生地点：佐治亚州萨凡纳

父母：塞缪尔·爱德华·亚克森，

　　　玛格丽特·霍伊特·亚克森

丈夫：托马斯·伍德罗·威尔逊

结婚日期：1885 年 6 月 24 日

子女：玛格丽特·威尔逊，杰茜·威尔逊·萨伊尔斯，

　　　伊琳娜·威尔逊·麦克阿杜

做第一夫人时间：1913—1914 年

逝世日期：1914 年 8 月 6 日

墓地地址：佐治亚州罗马香桃山公墓

艺术家的工作服

爱伦·威尔逊是一个有着极高天分的艺术家，就像其他的艺术家一样，她在画画的时候会在衣服外面套上一件工作服，避免颜料弄脏衣服。但是从隐喻的角度来看，爱伦的工作服屏蔽了她的艺术家身份。

爱伦·亚克森·威尔逊生活在两次战争之间，她出生在佐治亚州，出生后不久内战就开始了，她在白宫去世的时候，第一次世界大战刚刚在欧洲打响。美国南部饱受内战的摧残，爱伦的生活虽然谈不上奢华，但是也能衣食无忧。她接受到的教育也优于普通人家的孩子，她杰出的艺术天分为她赢得了许多赞誉。早在高中时期，她的一些手绘作品就经由她的一位到国外旅行的老师带到法国，在巴黎世界博览会展出过。爱伦的努力和天分为她获得了铜奖，当地人对她的赞誉更是不计其数。

爱伦非常清楚传统对女性的定位是什么，因此，她从不奢望要做一个职业艺术家。不过她还是心有不甘，她想出了一种妥协的方式，那就是做一个美术老师。但是就是这样切合实际的理想也因为她母亲的离世化为泡影。她的父亲是长老会牧师，一辈子都压抑着自己的沮丧和不满。

爱伦家 4 个孩子年龄相差很大，作为长女，爱伦在母亲离世后自然而然地成了家里的顶梁柱。

当时她只有 20 岁，家里最小的孩子才刚刚出生，父亲又患上了慢性抑郁症，因此她只能待在家里照顾家人。

画架的故事

许多故事都是编出来的，但这个故事跟绝大部分的历史故事一样，有几分可信度。爱伦在父亲去世到与伍德罗·威尔逊结婚的这段时间里在纽约待了几个月，在新成立的艺术学生联盟学习艺术，这个机构接收女学生，也不需要交学费。

但是有待考证的就是，这个故事说爱伦在这个机构并没有受到老师的重视，也没有得到什么指导，因为她是个女人，女人就应该结婚生子照顾家人，未来她只是有空才画画，把画画当成一个打发时间的爱好，所以这个姑娘不值得被重视。结果某天晚上，爱伦把她未完成的画布留在了画架上，上面简单地签上了她名字的首字母缩写 EA，第二天早上她发现画板上有一张长长的字条，表扬了她的画作，并提出了有价值的建设性意见。后来她跟老师约好见面，见面后老师惊讶地发现原来 EA 竟然是爱伦。一方面是因为已经说出口的表扬无法收回，另一方面也是出于爱才，老师决定进一步指导她，从此之后她的画技突飞猛进。

　　这是一个美好的故事，要是这个故事经考证是真实的，就更好了。不管怎样，这个故事都应该被一直流传下去，哪怕故事的细节是经过了润饰修改的，就算进行了润饰修改，也不是爱伦自己编出来的，吹牛从来就不符合她的本性，也不是她的行事风格。

　　爱伦的很多事情都被隐去了，多半是因为她本性恬淡，她认为她就应该站在丈夫的背后，她眼中的丈夫是个伟大的人，在这一点上她跟爱迪丝·罗斯福很相似，爱迪斯也把自己隐藏在一个智力超群、魅力出众的丈夫的阴影中，罗斯福夫人连自己的名字都隐去了，也从来不期待子孙后代永远记得她的事迹。爱伦也一样，结婚之后就只有威尔逊夫人，没有爱伦了。

　　但是在艺术领域，爱伦有自己的一席之地，或许她无法与同时代那些鼎鼎大名的艺术家们相提并论，但是她的艺术天分一直都被大家所承认，她得到了 20 世纪初美国许多印象派艺术家的赞誉。她在艺术学生联盟获得的那些鼓励没有白费，如果她用更多的时间专注于自己的艺术追求的话，或许她能够取得更大的成就。有一个亲戚曾经看见过她在自己狭小的工作室里画画，这个亲戚说，爱伦脸上的专注表情仿佛时间静止了，身边什么东西、任何人都不存在一般，她就是如此专注。

EAW：艺术家

后来爱伦·亚克森，当时已经是新泽西州州长伍德罗·威尔逊的夫人了，她在一次比赛中获了奖，这次比赛中所有参赛选手的名字都被隐去了，不让裁判看到。等她成了第一夫人的时候，她的画作已经有了经纪人，开始在一些非常著名的画廊中展出销售，这绝不仅仅因为她是威尔逊总统的夫人。任何一个见过她的水彩风景画的人都会立刻看出，这绝不是出自一个业余的绘画爱好者之手。

爱伦用来掩盖自己艺术家身份的隐形工作服又是另外一个故事了，她自愿放弃了艺术上的追求，成了年轻的伍德罗·威尔逊教授的夫人。他们婚后5年内生育了3个女儿，双方的亲戚朋友不断地造访，往往是来了就待着不走。因此，从结婚那天起，夫妻俩的家里就没有清静过。伍德罗·威尔逊个性复杂，身份众多，给他当夫人可不是一件简单的事情。但是爱伦从来没有抱怨过这样的生活，用她的话说就是"有得必有失"。她真心相信，她的丈夫不是普通人，用她受到的长老会的宗教教育来讲，是她命中注定的那个人，她心满意足地待在一个充满了他的关爱的地方。

但是天赋，不管是你刻意培养还是放任不管，永远不会消失，也不会被埋没。它会发芽，会让人心痒痒，不管你用了多大的力气想要压制它，有的时候还会以一种激烈的方式突然爆发，这在爱伦·威尔逊身上也得到了验证，她只要有一两个小时的空闲就会拿起画笔画画。后来，女儿们长大了，也不是那样亦步亦趋地跟着她了，加上伍德罗·威尔逊的事业发展远远超过了她的预期，她终于可以在一天之内奢享几个小时的清静时光，用来滋养自己的天赋。

夏天她去了一趟新英格兰的艺术家聚居地，她在那里跟那些有同样天赋的人一起交流，相互学习，温暖了自己的灵魂。她终于找到了只有自己才能赋予自己的巨大成就感，这种感觉是无法交换也无法购买的，这种感觉存在于她的工作服之下，永远不会消失。

爱伦的棕色裙子

这个故事发生在 1900 年前后，当时伍德罗·威尔逊是普林斯顿大学校长，爱伦受邀参加一个教授夫人们的盛大聚会。其间有一位女士说她从来没有见过威尔逊夫人，很希望能一睹其芳容。她的同伴说："现在威尔逊夫人还没到，但是你一见到她就能认出她来，她会穿一条棕色的裙子。"

第一位女士说："你怎么知道的？"

第二位女士回答道："因为她总喜欢穿棕色的裙子，

这是她最好的裙子了，我都怀疑她是不是只有这么一条裙子。"

这个故事很可能是真的。

真相

爱伦·亚克森，佐治亚州一个牧师的女儿，家境一般，内战后家里更是入不敷出。她很有艺术天赋，从小就学着做一些针线活，家里有一台缝纫机，虽然是那种机械式的笨重家伙，但是爱伦还是用它做出了精美的衣服。她有一双慧眼，双手灵巧，只要你能描述出来，她就能做出来。她骨骼娇小，身材凹凸有致，因为擅长女红，所以她出嫁用的所有衣服都是自己亲手缝制的。

1885年爱伦嫁给了伍德罗·威尔逊，当时威尔逊的学术生涯才刚刚起步，虽然他在专业领域起点很高，进步飞速，但毕竟教授这份工作薪水不高，过去如此，现在还是这样。两个人结婚5年就生了3个女儿，爱伦的弟弟在她结婚时才9岁，他跟着爱伦一起住进了威尔逊家。爱伦还有另外一个弟弟，10多岁，也会定期来小住一段时间。两个人的各路亲戚走马灯似的来夫妻俩的家里住，一住下就好长时间不走，这样一来两个人的钱就不够用了。

有20年的时间伍德罗·威尔逊都靠每年写一本书来补贴家用，这些书很受欢迎，但是毕竟是学术书籍，受众面小，再畅销也是在有限的学术圈内。他还定期接受各所大学的邀请，前去做讲座或是参加研讨会。在政府研究（在现代术语里叫政治学）这个专业领域内，他已经取得了杰出的成就，深受圈内人的喜爱，但是他依然孜孜不倦地刻苦工作。

有点矛盾的是——鉴于艺术天分和实际生活往往都很难一致——爱伦才是家里管账的那一个。伍德罗不喜欢跟数字打交道，他很愿意让这位能干、精明的夫人来掌管这些柴米油盐的事情。爱伦做一切事情都以伍德罗的身体健康为主，伍德罗很容易生病，他身体本来就不好，加上超负荷的工作，因此需要定期休养。这笔费用是家庭预算中优先考虑的，然后就是他出书的费用和专业发展所需的费用；再次才考虑孩子们的需要；最后才是家里其他人的需要，包括每个人的健康和教育花费，这种安排本身就暴露了他们自己的经济问题。

如果还有盈余的话，那么爱伦才考虑给自己添置一些东西，这种情况少之又少，她几乎无欲无求。她还是用缝纫机给自己和女儿们做衣服，她那双灵巧的手从来没有闲过，要是她买不起一件新的礼服，那么她会拿一件旧的出来改，给它重新镶个边就变成一件新衣服。在过去几十年里，中产阶级的主妇们都是这样做的。她曾经骄傲地说，她只花了 3 美元就给自己改造了一条崭新的裙子，可能这就是那个棕色裙子故事的来源吧。

对爱伦来说缝衣服是种放松，她尤其喜欢给衣服手工镶边，那时候没有收音机和电视，她一边缝衣服、织毛衣，一边享受着听丈夫或者孩子们高声诵读。

1912年，伍德罗当选为总统，爱伦和已经长大成人的3个女儿才开始在商店里买衣服穿，最起码她们的礼服都是专业的裁缝做的。身为第一家庭里的女性，威尔逊家的女人们需要一个超大的衣橱，里面装满各种各样华美的礼服。她们需要在公众场合露面，每一次露面都需要接受人们挑剔的眼光，对她们从头到脚地细细打量。当然，威尔逊的收入大大提高了，高达75 000美元的年薪对他而言完全就是巨款。

人们注意到，爱伦穿着出席丈夫总统就职典礼的礼服裙还是棕色的，这让人不得不怀疑它到底是不是爱伦多年前在普林斯顿穿的那件，也可能她只是喜欢棕色而已。

第一夫人爱伦·威尔逊

更重要的是，做了第一夫人之后的爱伦已经忙得没有时间做衣服了，她必须用一种令人崩溃的速度去开展她的社交活动，有时候一天要接见三四百人。她开始积极地为消除贫民窟的项目奔走，一次又一次地到贫民窟附近的社区去访问，接无数的电话，为了她自己热衷的事业举办一个又一个的茶会、一个接一个的宴会。同时，她还得抽出时间跟白宫的园丁一起来设计玫瑰园，那里是她第一天做第一夫人起就一眼爱上的地方。

爱伦有去不完的地方，见不完的人，还有一个白宫要管，一个家要照顾——包括两个女儿将要在白宫举行的婚礼——还有一个彻底依赖她的丈夫。要是没有她在一旁出主意，他就没有办法演讲，没有办法写重要的信件，文章也写不出来。她宝贵的最后一丁点私人时间都花在了画画上。她的作品得到了广泛的赞誉，她的水彩风景画开始在各大画廊和博物馆展出。礼服可以交给别人缝，但是画画谁也替代不了她。

谁也没料到，就连她自己也没有发觉，她的健康正在受到布莱特氏病的吞噬，这是一种很严重的肾病，20世纪初还没有抗生素，因此这种病就是绝症。当代历史学家和医生们都认为，她很可能是25年前生小女儿时就已经染上了这种病。因为工作太忙，她常常抱怨自己54岁了，身体一天不如一天，她总觉得是因为日程安排得太紧，自己太累了。

最后她在自己的卧室里摔了一跤，其实这一跤本身摔得并不严重，然后她知道自己的身体不行了。医生对她进行了常规治疗，结果无效。医生进一步检查她的身体，很快发现了病根，接下来的几个月她的病情时好时坏，绝大部分时间都是不好的。

第一夫人爱伦·威尔逊在第一次世界大战的枪声刚刚响起时，在白宫与世长辞。

 艾迪丝·宝琳·戈尔特·威尔逊

出生日期：1872 年 10 月 15 日

出生地点：弗吉尼亚州威斯维尔

父母：威廉·赫尔科比·宝琳，

　　　莎莉·怀特·宝琳

第一任丈夫：诺曼·戈尔特

结婚日期：1896 年

子女：无

第二任丈夫：托马斯·伍德罗·威尔逊

结婚日期：1915 年 12 月 18 日

子女：无

做第一夫人时间：1915—1921 年

逝世日期：1961 年 12 月 28 日

墓地地址：华盛顿特区华盛顿教堂

沾满了泥的靴子

　　当代历史学家都强调要多研究第一手资料，无可否认，对第一手资料的研究的确很重要。但是，并非所有的第一手资料都是真实、完整和准确的，特别是那些年代已久的第一手资料更是无法确定。研究第一夫人的专家早就意识到艾迪丝·威尔逊在《我的回忆录》中写的那些回忆是经过加工了的，需要用一种保守的态度来甄别。

　　下面这个故事是艾迪丝·宝琳·戈尔特·威尔逊——伍德罗·威尔逊的第二任夫人，在她的回忆录中提到的。这是她不做第一夫人后20年才写的书。这个故事很可能也经过了部分的润色，也可能是由一些支离破碎的记忆碎片拼凑而成的，搞不好整个故事都是编出来的，但是并不妨碍它成为一个精彩的故事，应该讲给大家听。

艾迪丝与总统的邂逅

　　艾迪丝·宝琳·戈尔特，生于弗吉尼亚，时年42岁，寡居，在华盛顿已经生活了近20年，她的社交圈子与政界几乎没有什么交集。

1915 年上半年，她跟海伦·博斯成了密友。海伦是伍德罗·威尔逊的堂妹，在爱伦去世后应悲恸欲绝的总统堂兄的邀请住进了白宫，帮他照顾家人，同时也代尽第一夫人的社会职责。博斯小姐与艾迪丝年纪相仿，趣味相投。有一次两人一起外出闲逛，突然遭遇一场瓢泼大雨，因为当时离白宫不远，所以海伦提出让艾迪丝去白宫她的私人住所里喝杯茶。艾迪丝有些犹豫，她在回忆录中说，当时她犹豫是因为怕自己沾满了泥的靴子会把白宫的地毯踩脏了。

海伦一再保证沾满了泥的靴子根本就不是什么问题，于是两个淋成落汤鸡的女人就跑进白宫躲雨。一进私人电梯正好碰见威尔逊总统和他的医生卡利·格雷森，当时这两个人去打高尔夫，也被雨淋了。于是两个男人自动加入了两位女士的茶会，接下来发生的事情就能在历史中找到相应的记载了。

艾迪丝觉得事情发展到这一步，一切都好，这个故事也是个美好的故事。

但是真正不纯粹的是这第一次邂逅背后的故事，这场邂逅很可能是精心安排好的，当然总统事先并不知情，或许连艾迪丝本人也不知情。

介绍海伦·博斯给艾迪丝·戈尔特认识的正是卡利·格雷森医生，他知道海伦·博斯在华盛顿除了那个沉浸在悲痛中的堂兄之外没有其他朋友，她应该很需要有一个人和她说说话，这样他就介绍了两个人认识，两个女人一见如故。

格雷森是海军医生，比威尔逊小几岁，当时正在追求一位叫阿尔楚德·格尔顿的姑娘，格尔顿小姐已故的父母生前是艾迪丝的好友。父母死后，格尔顿小姐就把艾迪丝当成了自己的知己，也把她视为自己的母亲。格尔顿小姐对格雷森医生的追求有些无动于衷，但是艾迪丝觉得这个男人不错，很想促成这门亲事。她当然知道格雷森医生是威尔逊总统的私人医生，她从不过问政事，所以她知道的也就这么多。

到这里为止一切都正常，当然也都是事实。

格雷森医生在爱伦·威尔逊临终前的那几个月里尽心尽力地照顾她，他跟威尔逊夫妇的关系越来越亲近，对两个人30年来的伉俪深情了如指掌。爱伦是一个有远见卓识的女人，非常清楚伍德罗一刻都离不开女人的照顾。她也知道自己将不久于人世，一旦她离去，伍德罗将独自承担这无法忍受的痛楚。威尔逊一直到妻子真正闭上眼的那一刻才知道妻子得的是不治之症。爱伦在弥留之际将伍德罗托付给格雷森，格雷森自然不敢辜负爱伦的重托。

果不其然，威尔逊在妻子离世后陷入了巨大的悲痛中无法自拔。爱伦下葬时，欧洲形势极度紧张，大战一触即发，这更是在他的丧妻之痛上雪上加霜。

不管是总统还是平民，该经历的痛苦谁都逃不掉。威尔逊吃不下饭，日渐憔悴，他开始整夜地失眠，白天没有办法集中精神，巨大的精神压力让他头痛，肠胃的老毛病也开始复发。为了让他的病人能够重新呼吸新鲜空气，锻炼身体，格雷森医生开始拉着他一起打高尔夫。

安排好的吗

那么，伍德罗与艾迪丝之间的邂逅是不是格雷森医生事先安排好的？这两个人刚好他都认识，正好可以做两个人的介绍人。他当然无法事先预料到两个人刚好都淋了雨，但是不管是下雨还是天晴，他都可以顺水推舟地建议他们到海伦·博斯的屋子里去喝一杯茶。

在电梯里偶遇是需要那么一点精心编排，要知道，当时可没有现在这些先进的技术设备来协调各方面，这4个人在某个时间在白宫的私人场所一起喝茶很容易事先就安排妥当。总统和他的私人医生可以非常随意自然地加入茶会，当然也可以很随意自然地从茶会脱身。

如果这真是事先精心安排好的，那么伍德罗本人对这个安排也是一无所知。他深爱他已故的妻子，无心寻找新的恋情，起码他自己是这么认为的。博斯小姐也说她自己事先并不知情，这次意义非凡的茶会对艾迪丝来说也是个惊喜——最起码她自己一直是这么说的。不过艾迪丝的话需要仔细分辨，不能全信，她口中讲出来的故事应该只是真相的一部分。当时她并没有向自己的任何亲朋好友提起这次穿着脏靴子的邂逅，格雷森医生也绝口不提。当时的白宫总管埃克·胡佛也从来没有提过这件事情，按理说埃克的职责就是从他的个人视角来讲述白宫的各种史实，他肯定应该知道这件事。白宫工作人员里知道总统这段恋情的人极少，他刚好又是其中之一。

这件事情纯属杜撰的可能性相当大，就像乔治·华盛顿与樱桃树的故事一样。尤其是考虑到艾迪丝·威尔逊是一个善于狡辩的人，这个故事就更不能信了。这个故事却很有趣，远胜过那些虽然真实但着乏味的史实，现任总统与他的新夫人的第一次邂逅当然需要一个戏剧化的场景。

结果

如果真有这么一次茶会的话，那么这次茶会应该是继140多年前波士顿那场茶会之后史上最成功的茶会了。艾迪丝后来说，就算伍德罗·威尔逊真的曾一度深陷丧妻之痛无法自拔，最起码那天下午他一点都没有表现出来。她说总统当时兴致很高，很投入，妙语连珠，机智幽默。伍德罗春风得意的时候当然是机智幽默的，这一点我们可以相信艾迪丝的话。

伍德罗曾对爱伦·亚克森一见钟情，随即对她展开了猛烈的追求。这种事情是有一致性的，现在他又一眼爱上了艾迪丝·戈尔特（我们姑且不论他们到底是怎么邂逅的），于是他也向她发动了同样猛烈的爱情攻势，8个月后他们结婚了。

伍德罗和艾迪丝结婚后，格雷森医生也如愿娶到了格尔顿小姐。

穿制服的艾迪丝

艾迪丝·宝琳·戈尔特·威尔逊一直是一个追求时尚的人。她身高5英尺9英寸，身材姣好，体态优美，有着很强的时尚敏感度。她的第一任丈夫诺曼·戈尔特是华盛顿一位有钱的珠宝商，她从不缺钱买衣服。她遇见伍德罗之前就穿查尔斯·费德里克·沃斯设计的礼服了。沃斯是当时最负盛名的巴黎高级女装设计师，从50多年前拿破仑三世的欧仁妮皇后时代开始，他的店铺已经遍布欧洲。

戈尔特嫁给了威尔逊总统以后，她的穿衣打扮风格就以第一夫人的身份为主，同时她也让自己的总统丈夫穿得体体面面的。在结婚的头两年，两个人过得非常幸福快乐。他们如胶似漆，一起去看戏，一起去看棒球赛，还经常一起坐着马车外出。艾迪丝在穿衣打扮上从不会出错，经常炫耀她那标志性的贵妇帽，还有她最爱的兰花。

大战开始了

第一次世界大战的战火已经在欧洲熊熊燃烧了3年，现在蔓延到了美洲大陆。威尔逊尽量不让美国卷入战争，但是最后还是没能挡住。艾迪丝很尽责地调整了她的着装风格，将她的精力更多地转向了战争。身为第一夫人，她的支持对于大后方来说是至关重要的。她买了一些绵羊回来养在白宫的草地上，这样园丁们就不用去修剪草坪，可以做其他更有意义的事情。她会把从绵羊身上剪下来的毛送到各个州去拍卖，拍卖所得都作为军饷。政府号召人民省吃俭用，把省下的物资都送到前线去支持美国军队和盟军，她积极响应号召，把白宫的一应花销全部列出来公之于众。

她还加入了红十字会，骄傲地穿上了制服。这件制服并不仅仅意味着她作为红十字会工作人员的辛劳，还代表着所有的女性向世界宣布，她们的工作也是有意义、有价值的。红十字会欢迎各界女性的加入，这代表着女性和男性在职场中处于同一位置。

红十字制服

当时红十字会的制服其实算不上什么制服，每个州之间，每个分会之间的服装都不统一。有资料显示，艾迪丝穿的制服是灰蓝色的长袖裙装，长及脚踝，衣服上有白色条纹。她的帽子是深蓝色的，帽子上的装饰带上有红十字会的标志。

有些红十字会的制服是男式的外套，不过绝大多数红十字会都采用长款的白色围裙，围裙胸口处绣上红色的十字，这些制服的主要作用是保护志愿者自己的衣服不被弄脏。如果制服是男式衬衣的话，那么红色十字就是绣在袖子上的。有的衬衣有白色衣领，有的是衣服上有白色拼布，有的则什么都没有，就是一件蓝色衬衣。有些衣服上红十字的标志很小，但有些衣服上的红十字标志又大得过于显眼，有的时候还会配上海军蓝的披肩。通常只有全职工作人员才会有全套制服，志愿者通常是没有的。

红十字会的帽子也是颜色各异，款式五花八门。有的是宽檐的硬顶帽，有的则是类似护士帽的白帽子，偶尔还能看见阿拉伯头巾式的帽子，长长地垂到肩上。

志愿者威尔逊夫人在红十字会的工作比较轻松，时间也不固定。据说她会给伤员缝睡衣，她的缝纫机是从娘家带到白宫的嫁妆。红十字会在各火车站都设有食堂，她会时不时地在那里举行宴会，招待那些路过华盛顿的或者是从华盛顿调往其他战场的将士们。有一次，她去华盛顿联合车站，那里有一个食堂是埃莉诺开的，埃莉诺后来也成了美国第一夫人。威尔逊夫人在这个食堂为将士们服务，给他们倒咖啡，分发三明治。

艾迪丝·威尔逊是一个魅力十足的女人，很上相，她自己也清楚这一点。她深知媒体和摄影师的能量有多大，很愿意时不时地配合他们照张相。每每报纸上出现第一夫人身着红十字会制服的照片，女人们就会如潮水般涌向各红十字会的站点，要求加入志愿者的行列，里面就有后来的美国第一夫人格蕾丝·柯立芝。

第一夫人就是这么有号召力。

拉力克胸针

第一夫人

诺曼·戈尔特，艾迪丝富有的前夫，在华盛顿有一家久负盛名的珠宝店，开了几十年了。托马斯·杰弗逊在他家店里买过东西，玛丽·林肯也曾经光顾过。显然，不管艾迪丝想要什么样的珠宝，她都能弄到手。艾迪丝本人长了一副模特身材，本来就对时尚非常敏感，诺曼死后，她依然过着优渥的生活。

她嫁给伍德罗·威尔逊的时候，这位总统经济上还算过得去，之前一直都过得很拮据。在他与爱伦·亚克森30年的婚姻生活中，他一直都在为生计疲于奔命，不但要养活自己的妻女，还要养活不请自来的亲戚。1915年，他的3个女儿都长大成人了，也不需要再花他的钱了。身为总统，他的住房和服装都是由国家负担，不需要私人花钱。他的钱主要是花在宴请各路宾客上，当时联邦政府并没有把这笔费用纳入政府开支，10年后柯立芝总统执政后才有了改变。

这样，这位新的威尔逊夫人就可以不用委屈自己了，当然，她从来都没有委屈过自己。

胸针

雷内·拉力克是法国顶级珠宝、玻璃以及新艺术派相关装饰品设计师，他设计的首饰和装饰品品位非凡，工艺精湛，到第一次世界大战时，他的名声已经大得能与路易斯·蒂凡尼相比肩了。

他最特别的一款设计就是一枚长胸针，整个造型是8只浅灰绿色的鸽子栖息在金色的枝条上。这枚胸针尺寸超大，总长约有6英寸，这个长度的胸针对绝大部分女性来说不管是别在肩头、颈部还是胸口，都显得太大了，可能就是因为它的尺寸和超高的价格，这枚胸针一直无人问津，更没有量产，成了拉力克的私人藏品。

第一夫人、胸针与大战

第一次世界大战之所以被称为大战，是因为它的规模超常，参与的将士人数众多，涉及范围广，花费巨大，最重要的是，死亡人数众多。大战于 1914 年爆发于欧洲，但是 3 年后总统威尔逊才迫于时局，为了维护世界的安全和公正，不得不宣布美国参战。美国一旦开始派兵参战，战争就开始走向尾声。1918 年，欧洲战场的战火在肆虐了 4 年后，终于熄灭了。

这次大战推倒了 4 个帝国：一个是年轻好斗、自以为是的德意志帝国，一个是已经分崩离析的奥斯曼土耳其帝国，一个是日渐衰败的奥匈帝国，最后还有一个是皇权倾覆的俄罗斯帝国，这个国家在大战结束之前国内就已经爆发了内战。大英帝国虽然存活了下来，但是元气大伤。

总而言之，整个世界乱成一团。

威尔逊总统决定自己带着白宫护卫队去巴黎参加和谈，打算要建立一个国际新秩序，描绘一幅崭新的欧洲版图。他自然也带上了威尔逊夫人，他俩一直如胶似漆。

巴黎乃至整个欧洲，都把威尔逊总统当作他们的救世主，于是他们夫妇就这样受到了当地人民热情的款待。他们走到哪里人群就跟到哪里，所到之处镁光灯不停闪烁，人们赞美他们，送礼物给他们。

法国人民热情好客，出手阔绰，他们为美国总统设计了一枚金灿灿的荣誉勋章。不得不承认，雷内·拉力克是个广告营销天才，他忽然又想起了家里保险柜中那枚尘封已久的胸针。于是他说胸针上的鸽子是和平鸽，那枝条是橄榄枝，这枚胸针的名字则是和平胸针。当然也有可能是他觉得高挑的艾迪丝的模特身材能让这枚饱受冷遇的胸针大放异彩，总之，这枚胸针就这样被呈到了威尔逊夫人面前。要知道威尔逊夫人的前夫可是个珠宝商，因此她一看见这意料之外的礼物就高兴得不得了，大大地称赞了这枚胸针的做工，高度评价了它的价值。

第一夫人与胸针的后续故事

艾迪丝·威尔逊在巴黎期间到底有没有常常佩戴这枚胸针不得而知，她后来有没有戴过亦无从知晓。和谈异常繁复艰辛，压力巨大，回国之后美国国会拒绝接受总统在和谈中签署的协定，如此种种导致威尔逊总统回国之后没几个月就中风了，白宫从此停止了一切娱乐活动。

1920年，白宫官方找了一位俄国出生的画家西摩·M.斯通给第二任威尔逊夫人画像。这位时髦的第一夫人时年48岁，风韵犹存，画中她端坐着，穿着一件典雅的黑白礼服，裙摆在她腰间自然下垂，形成许多褶皱，这是20世纪20年代非常流行的款式。褶皱一直延续到礼服的右侧，堆叠在靠近右侧臀部的位置，用一枚胸针别起来，这枚胸针就是那枚和平胸针，别在这里非常合适。这是聪明的雷内送给第一夫人的礼物，雷内当时应该就知道，他的鸽子们终于找到了一个永远栖息的家。

这幅画像后来一直挂在伍德罗·威尔逊华盛顿的家中最显眼的位置。

 弗洛伦丝·玛贝尔·科琳·德沃尔夫·哈定

出生日期：1860 年 8 月 15 日

出生地点：俄亥俄州马里恩

父母：阿莫斯·H. 科琳，路易莎·布顿·科琳

第一任丈夫：亨利·德沃尔夫

子女：马沙·尤金·德沃尔夫

第二任丈夫：沃伦·G. 哈定

结婚日期：1891 年 7 月 8 日

子女：无

做第一夫人时间：1921—1923 年

逝世日期：1924 年 11 月 21 日

墓地地址：俄亥俄州马里恩哈定纪念馆

厚面纱和天鹅绒项圈

美国中西部夫人

弗洛伦丝·科琳·哈定被她丈夫唤作公爵夫人，因为她在家里飞扬跋扈惯了。有不怀好意的人还说她简直就是沃伦·哈定的妈。她比她英俊的丈夫大了足足 5 岁，还结过婚，带着一个孩子，她和哈定第一次相遇时她刚离婚没多久。大多数人都不知道，弗洛伦丝其实体弱多病。

她 30 多岁的时候得了一种严重的慢性肾病，一度连续几周下不了床，到 1900 年她就不得不做手术摘除了一侧的肾脏。当时还没有现在的这些抗生素类药物，也没有这么先进的疗法，因此医生一度给她下了病危通知。可想而知，疾病是会摧残身体的每一个器官的。弗洛伦丝日渐憔悴，每一天都在病痛中度过。

20世纪20年代初期她任第一夫人期间曾有一张全身照，照片上她的脚踝很粗，其实不是因为胖，而是因为肾功能不好造成了全身浮肿，衣服都显得短了一截。她眼睛近视，戴一副时髦的夹鼻眼镜，通常照相的时候会摘下来。化妆的时候有一个难题，就是皮肤松弛。

沃伦·哈定则完全是20世纪20年代流行戏剧中的男主角，身高6英尺，有一点点肚子，但是又不是大腹便便，是刚好显得富态的那种。他肤色黝黑，却满头银丝，头发微卷，这一点跟他的年龄有些不符，他当选总统的时候是55岁。当时大家都觉得哈定是继1853年的富兰克林·皮尔斯总统之后最帅的总统，其实在那个时候，好多人都不记得皮尔斯总统是谁了。

可能是因为弗洛伦丝身体不好，所以他们婚后没有子女。他俩在俄亥俄州有一家报社，出版的报纸叫《马里恩之星》，这份报纸一直都很受欢迎，因为公爵夫人亲自盯着预订和发行两个部门。他俩的生活虽然算不上奢华，但是也足够舒服了，因此，爱慕虚荣的弗洛伦丝的虚荣心能得到充分的满足。20世纪初流行烫发，她就经常去把她花白的头发烫卷，做出各种造型，不过她从来都不染头发，估计是因为公众都认为沃伦·哈定那头白发有气质，但是她买了各种霜、露、乳、粉之类的东西来让自己永葆青春。虽然用了这么多的保养品，也不管这些东西被吹得有多么神奇，但是她脸上的皱纹还在，她绝望了，只能戴着大大的帽子，用帽子上厚厚的面纱来遮掩那些皱纹。

参议院夫人

弗洛伦丝当了20年俄亥俄州马里恩的哈定夫人，其间她一点也不开心。她没有什么密友，他的丈夫喜欢在外面拈花惹草，这一方面怪她自己身体不争气，没办法跟丈夫亲热；另一方面也因为她个性太强，让丈夫躲她远远的。两个人共同经营的《马里恩之星》报和他俩对政治的共同热爱成了维系两个人关系的重要纽带。

　　1914 年，哈定当选为参议院议员，欣喜若狂的弗洛伦丝马上把自己衣橱里的衣服全都换成新的，她憧憬着自己要到华盛顿去，以一个全新的形象，展开一段美妙的新生活。她花钱打扮自己从不手软，这次也不例外，但是俄亥俄州只是一个中等城市，这里的大小商店按照华盛顿的时尚标准来看都透着一股浓浓的中西部乡土气。我们这位可怜的公爵夫人，现在已经 50 多岁了，又老又土，衣着过时，但是她不愿意就这么认了，她到处分发自己的名片，可是她的电话却从来没响过。很少有人邀请她，好不容易有人邀请，也是那种邀请了所有人的大型招待会。她又一次变成了没有朋友的人，她被这种冷落深深刺痛，感到很愤怒，于是她在一个小小的红色笔记本上写满了那些曾经冷落过她的人的名字，准备一旦有机会就报复他们。

　　雪上加霜的是，她残存的那个肾越来越差，这次又恶化了，她一病不起，在床上躺了好几个月，医生都对她不抱希望了。

　　就在这个时候，弗洛伦丝收获了一份厚礼：她收获了华盛顿社交名流伊芙琳·沃尔什·麦克林的真挚友谊。之前她俩就认识，但是一直是泛泛之交，伊芙琳听说弗洛伦丝病了，就前来探望她。

这两个人也是一个奇怪的组合，弗洛伦丝比伊芙琳大了整整 25 岁。伊芙琳如果算不上美国最富有的女人的话，最起码也是华盛顿最有钱的女人，希望钻石就是她名下的。这个女人魅力四射，在社交圈里颇有人缘，她有的这些特质恰恰是弗洛伦丝都没有的。伊芙琳的丈夫纳德·麦克林就更有钱了，他拥有多种出版物，《华盛顿邮报》就是其中之一。

虽然这两个女人有着很大的差别，但是她们成了好朋友，可能是因为两个人显赫的丈夫都是老男人，喝起酒来就没完，抽雪茄，玩扑克，玩女人。这两个男人也成了好兄弟，经常 4 个人聚在一起，通常都是哈定夫妇到麦克林夫妇在乔治敦的家里去。

伊芙琳全面接管她这个新结交的好朋友的衣着打扮，公爵夫人急需有人来帮她打造一个全新的形象。伊芙琳介绍了一个更前卫的发型师给她，然后帮她置办了更时尚的衣服和帽子，她带着弗洛伦丝出入各种顶级的派对。可能这是弗洛伦丝有生之年第一次在社交场合成了重要人物，也第一次体会到了社交的快乐。

弗洛伦丝的病情好转后，伊芙琳还让沃伦·哈定买礼物送给自己的夫人。她帮着选了一枚浮雕美人头的宝石胸针，可以佩戴在黑天鹅绒的项圈上，这是爱德华七世的皇后亚历山德拉的打扮，当时风靡了整个上流社会。亚历山德拉皇后很爱美，但是脖子上有一块疤，她想遮住，于是常常戴着天鹅绒质地的项圈或珍珠穿成的项圈。20世纪初的时尚圈就仿效亚历山德拉皇后的打扮，刮起了佩戴项圈的风潮，全国的女人几乎都戴着项圈。

沃伦·哈定1920年11月当选总统，当年的圣诞节他就给自己饱受病魔摧残的夫人买了一件很大的旭日造型的钻石首饰，这也可以佩戴在天鹅绒项圈上，据说还是伊芙琳帮他选的，这件首饰漂亮极了，她的品位毋庸置疑。

这件首饰成了公爵夫人以第一夫人身份出现的时候的标志，当然也是她最爱的首饰，她戴着这件首饰庆祝自己成为第一夫人。她究竟为何如此钟爱这件首饰？是因为这是她丈夫送的，还是因为这是她最好的朋友选的？或者是因为这首饰足够有分量？

其实不管是什么原因都不重要，重要的是它能掩盖她松弛的脖颈，因此她余生都戴着它，可悲的是她的余生并不长。在哈定4年的总统任期内，夫妇俩先后离世了。

 格蕾丝·安娜·古德休·柯立芝

出生日期：1879 年 1 月 3 日

出生地点：佛蒙特州伯林顿

父母：安德鲁·L. 古德休，

乐米拉·巴内特·古德休

丈夫：卡尔文·柯立芝

结婚日期：1905 年 10 月 4 日

子女：约翰·柯立芝，

小卡尔文·柯立芝（16 岁身故）

做第一夫人时间：1923—1929 年

逝世日期：1957 年 7 月 8 日

墓地地址：佛蒙特州普利茅斯诺奇公墓

帽子、手包和失败的马裤

从美国有第一夫人的第一天开始，甚至还可以追溯到更早，有身份的女性出门都会头上戴着帽子，手上戴好手套，然后拿一个手包。中产阶级的女性通常都有不止一顶帽子，也不止一双手套和一个手包。就算是收入微薄家庭的女子也有一顶周日帽，有一个手包，有一副手套。格蕾丝·柯立芝的帽子当然多，大部分都是她丈夫帮她买的，她的丈夫对妻子的衣橱有特别的兴趣。

柯立芝夫妇可不像是一对，格蕾丝·古德休·柯立芝热情开朗，有不少老友。卡尔文·柯立芝是个古怪的家伙，少言寡语，性情冷淡。就连格蕾丝的父母都曾试图阻止这桩婚事，但是，他俩近30年的婚姻的确过得很幸福。他俩都有一种不同常人的幽默感，这样他们的婚姻生活过得倒也有滋有味。卡尔文·柯立芝的幽默是一板一眼的，就像涂在全麦吐司上的花生酱，而格蕾丝的幽默则是玩世不恭的调侃。他俩都刚好能懂彼此的幽默，她总是说他能逗她开心。

在不是第一夫人多年之后，一次一个年轻的女记者在卡尔文去世后问起她和卡尔文之间的浪漫史。格蕾丝睁大了眼睛，难以置信地看着这个记者说："难道你从没见过我丈夫吗？"

两个人在婚姻中并不是平等的，甚至很难用亲密来形容两个人之间的关系。卡尔文跟白宫的历任总统一样，都有些大男子主义，虽然他的确深爱他那美貌、迷人的夫人。如果他曾经对她表现出一丝一毫的不恭敬，那么应该说他绝对是无心之过。他经常会担心他的一言一行会不会让她感觉不舒服，实际上他从来都没有这样的言行。

卡尔文·柯立芝这个新英格兰的清教徒，坚定地认为世界是一个男权社会，女人就应该待在家里，对男人唯命是从。在他自己的家里，他是绝对的主人，格蕾丝只能在他认为合适的范围之内发挥自己的作用。为了参加马萨诸塞州北安普顿市某个学校的董事竞选，需要做一个竞选演讲，他决定提前结束蜜月之旅，而她竟不知道他已经参加竞选了。几年之后他又去竞选马萨诸塞州副州长，她也被蒙在鼓里。这倒不是说他故意要瞒着她，是因为他的政治活动不会给她带来任何影响。他的具体工作可能会有变化，但是她的工作却一直如旧：就是好好地做柯立芝夫人和一个家庭主妇。

在卡尔文眼里，不仅仅政治是男人的天下，所有的工作都只能由男人做。柯立芝夫人是否曾经对她丈夫给她设立的种种限制表示过抗议我们不得而知，最起码她没有公开反对过。她就是一个每天跟针线打交道的家庭妇女，缝衣服，织布，钩毛衣，她曾经自嘲说，她有多努力地做女红，心里就有多不满，她只是不想去挑起一场无谓的争吵而已。

卡尔文做了马萨诸塞州的副州长之后慢慢意识到他这位迷人的夫人其实也是他政治上的助手。到第一次世界大战结束时，女性在这个男权世界中已经开始发挥越来越积极的作用，柯立芝夫人也能够表现得很出色。她可是佛蒙特大学的毕业生，聋哑教师，资深棒球迷。她对当下最新上映的影片、最流行的小说、杂志文章和歌曲了如指掌。她相貌出众，时髦，机智幽默，爱笑。卡尔文惊讶地发现，他夫人身上的这些特质会让自己受益匪浅。随着时间的流逝，人们对他的记忆逐渐模糊，但是大家都还记得那个永远笑呵呵的柯立芝夫人。

重要的柯立芝夫妇

后来卡尔文·柯立芝做了副总统，1923 年时任总统哈定去世后他又做了总统。当时他喜欢带着夫人去各种各样的典礼和集会，他本人并不热衷这些，只是迫于总统身份不得不出席。20 世纪 20 年代是流行文化大规模盛行的时代，副总统卡尔文受到了热捧，人们就是喜欢他那种古板的幽默。卡尔文成了各种场合的首要邀请对象，一周要出去参加四五个宴会。用卡尔文的话说就是："出去吃饭。"主人们都很懂事，不会要求少言寡语的卡尔文当众发言，但是他们都希望卡尔文先生能够出席，然后跟他们合影留念，最好还能听到他一两句经典的讽刺。红透半边天的卡尔文总是会如约出现。

柯立芝夫人，因为天生热情，性格招人喜欢，长得又漂亮，也跟她丈夫一样受欢迎，于是很多人都在邀请他们夫妇俩。

格蕾丝的马裤和配饰

第一夫人格蕾丝也有她自己的社会义务，她举办茶会、午宴，接待来访者，处理成堆的来信——这些都是第一夫人们的日常工作。要是她丈夫需要她陪同出席什么场合的话，她通常都是要忙到最后一刻才匆匆出门。她在公众场合的工作就是笑，接受别人献的花，亲吻孩子，道声"谢谢"，因此，她还是需要置办许多时髦的衣服。她丈夫对她的衣服总是很感兴趣，他总希望自己的夫人穿得干净利落，品位超凡。虽然他天性节俭，但是只要与他夫人置装有关，他从不吝啬，这也说明他一直是以她为骄傲的。

这位第一夫人认为做一点运动对自己身体会有好处，所以她决定不再每天散步一小时，而是骑马。她报名参加了马术课程，还为自己置办了全套漂亮的行头，包括一顶帽子，一件骑士夹克，一条时髦的马裤——也就是骑马时穿的裤子，紧紧包裹住腿部。但是总统看到他夫人穿着这身行头，不乐意了。女性，尤其是第一夫人，怎么能穿裤装呢，必须停止。这个大男子主义思想严重的人警告他的夫人："我觉得你要是想当好第一夫人的话，最好不要贸然尝试新的东西。"于是格蕾丝只得退掉马裤，取消了马术课程，继续每天散步——当然是穿着裙子了。

卡尔文要是知道今天我们认为他的这些做法是对他夫人的不尊重，估计会很难接受。他从来没有想过要不尊重他的夫人，他深爱着她，她自己也知道。只是他不知道她除了健康之外的其他需求都和他自己的当务之急一样重要，这些需求跟他是不是总统无关，与他们的身份无关。

她曾经天真地要求拿到一份总统的日常安排表，这样她就能够事先知道自己是不是又需要陪同总统出席什么场合，好提前做好准备。卡尔文用一句话无情地拒绝了她："格蕾丝，这种信息怎么可能随便透露给外人呢？"于是从那以后，她就把她的帽子、手套和手包都放在桌上。只要一听到召唤，随手抓起来就能走。格蕾丝到底有没有想让卡尔文改改脾气的念头我们不得而知，但是这也不符合她的个性。我们知道的就是柯立芝夫人对这些事情的态度通常是保持沉默的，就像她的丈夫的别名"沉默的卡尔"一样。

有人喜欢抗争，而有人选择适应。

红裙子

霍华德·钱德勒·克里斯蒂是20世纪初著名的插画家、艺术家和肖像画家。20世纪20年代他受命来白宫给格蕾丝·柯立芝画官方肖像画，从此名声大振。有人说这幅画是他最受欢迎的画作，正是这幅画让这位第一夫人能为后世所牢记。

所有的肖像画家都在努力让自己画笔下描绘的人物不仅仅是栩栩如生，要栩栩如生，找摄影师就够了，画家能把人物内心世界也一起画出来，把内在的那个人的形象，不管是仁慈的、智慧的、悲悯的，还是充满力量的，都表现出来。为此，克里斯蒂花了很长时间跟柯立芝夫人待在一起，想要深切地触及这个在外人眼中只知道开怀大笑，不愿发表任何言辞的女性的灵魂。

柯立芝夫人是一个聪慧的、受过良好教育的女性，有一种狡黠的幽默感，这一点正好跟她丈夫那古板的机智互补。认识她的人都喜欢她，她是佛蒙特大学的毕业生，是一个女学生联谊会的创始人，还是一个特教老师，教聋哑学生。

新英格兰家庭主妇

格蕾丝结婚后成了一个传统的妻子和母亲，一方面是因为卡尔文这个大男子主义的丈夫不会让步，另一方面也是因为格蕾丝并不想争取更多。她煮饭做菜水平一流，亲自收拾屋子，照顾两个儿子，有空还要教他们打棒球。她喜欢做女红，还要参加教堂和社区的各种活动。两个人的婚姻是美满的，卡尔文深爱自己的夫人，这一点格蕾丝很清楚。他对拥有这样一个魅力十足的夫人而倍感自豪，但是让人感到惊讶的是，直到他的社会地位高到必须偕夫人出席社交场合，他才意识到自己身边的夫人的社交价值。至于她的政治价值，他更是想都没想过。

但是他一直很清楚他夫人的美貌，因此想让她打扮得漂漂亮亮的，他对自己的衣橱也特别上心，这倒有些出人意料，要知道，在他同龄人的眼中，他可一向是个节约的人。他喜欢跟夫人一起去买衣服，有时甚至自己去给她买衣服，她说过，她丈夫在穿着上比她还要挑剔。她承认自己有点懒，抓住什么衣服就穿什么衣服，但是卡尔文就不是这样，他要让她总是以完美的形象出现，最起码要吻合40多岁女性的形象。在他发现她穿着20世纪20年代流行的衣服简直就是身姿曼妙后，他对她的穿着就更上心了。

肖像画困境

据说克里斯蒂想把第一夫人画成一个时尚、热情、有深度的女性，其实这些本来就是格蕾丝的真实面貌。

为了给观众留下深刻的印象，画家让她穿着时髦的裙子，站在她家白色的牧羊犬罗比·罗伊身旁。有宠物陪在身边，会让看客觉得你更热情，更何况柯立芝夫妇俩都是热爱动物的人。

这位洞察力敏锐的画家让画作有了深度，有一次，他曾被问到柯立芝夫人有没有不笑的时候，他说他觉得曾经有一次看到她脸上闪过一丝不情愿的神色，克里斯蒂果然是一个聪明人。

有一次，他想要确定一下整幅肖像的基调，于是花了几个小时在第一夫人的衣橱里找一条合适的裙子。她的衣橱很大，当然所有的第一夫人都这样，克里斯蒂选择范围很广。总统当然还是保持他一贯的对第一夫人衣着的兴趣，建议她穿那条他最喜欢的白色裙子。克里斯蒂不同意，他最后选中了一条亮眼的红裙子，领口开得有点低，当然也不算太低，无袖，修身长裙一直垂到脚踝处。这是当时非常时髦的款式，格蕾丝一如既往地对两个人的选择没有做任何评判，虽然她自己其实是倾向于相信艺术家的艺术判断力的。

卡尔文坚持要选那条白色裙子，总统可不习惯听别人指挥。最后克里斯蒂用了外交辞令来解释了他的艺术考虑——这条红色的裙子能跟白色的狗形成对比。卡尔文可不懂什么艺术，也没有艺术气质，连对比色都不懂，但是他很清楚他说不过克里斯蒂。不过他还是死撑着，最后下令："把狗拖出去染了。"

总统的意见最终没有被采纳。

最后第一夫人的官方肖像画上，格蕾丝·柯立芝穿着那条惊艳的红色礼服裙，旁边站着白色的牧羊犬。这幅画大概是美国所有第一夫人画像中最著名的，也是被临摹得最多的一幅。

 露·亨利·胡佛

出生日期：1875 年 3 月 29 日

出生地点：爱荷华州滑铁卢

父母：查尔斯·德兰诺·亨利，
 弗洛伦丝·韦德·亨利

丈夫：赫伯特·胡佛

结婚日期：1899 年 2 月 10 日

子女：小赫伯特·克拉克·胡佛，
 爱伦·亨利·胡佛

做第一夫人时间：1929—1933 年

逝世日期：1944 年 1 月 7 日

墓地地址：爱荷华州西布兰奇赫伯特·胡佛总统纪念馆

打结的裙子

露·亨利·胡佛虽然生在爱荷华州，但是在美国西部地区长大，9 岁那年她跟着父母一起搬到了加州。她没有兄弟，只有一个比她小 8 岁的妹妹，因此，父亲外出总会带着她。她骑马骑得很棒，射击也很准，还会钓鱼、打猎、点篝火、爬树——她完完全全就是个粗线条的假小子。但是她的家庭是一个标准的中产阶级家庭，父亲是一个银行家，因此，她还是充分享受了城市生活带来的方方面面的便利：艺术文学领域、社会文化氛围以及良好的教育资源。

亨利小姐中学毕业后，已经出落成了一个高挑的姑娘，活力四射。她进入了一所两年制的师范大学，她是个学霸，尤其擅长数学和科学。这些课程通常都会聘请男性老师，身为女子，亨利小姐又一次打破了常规。

20 岁那年的暑假，露听了一场地质学的演讲，演讲嘉宾是 J.C. 布南纳教授，供职于斯坦福大学，斯坦福大学当时还只是帕洛阿尔托市新开的一所大学。她听得着了迷，回家就问父母能不能让她去斯坦福念地质学。她的父母很开明，同意她去。因为不需要缴纳学费，她只需要做一件事，那就是通过入学考试，这对她来说简直就是小菜一碟。

斯坦福

1895 年，露·亨利如愿进入斯坦福大学学习，当时地质专业明确规定只招男生，女学生可以旁听，也可以修一些基础课程，但是毕业后却不能以这个专业为工作方向，最多只能做一个铁路工程师。

也是在 1895 年，地质学学生露·亨利刚刚 20 岁，蓬蓬裙和巨大的裙撑已经不再流行了，尤其是在美国西部地区更是如此，流行的女性形象更健康、更有活力。女人也可以骑自行车，滑雪，打保龄球，还可以打网球和高尔夫球。为了方便跨上自行车，当时西部女性几乎每人一条裙式裤，也就是我们今天说的裙裤。

裙子当然还是长及脚踝，但是以前那层层叠叠的衬裙已然不见，流行的是简洁修身的 A 字裙，上面配男款衬衫或者是不收腰的罩衫，通常外面还要套上一件夹克。蕾丝和荷叶边倒也没有完全消失，不过只存在于晚礼服上了，日间的时光就是要四处活动。

不出所料，斯坦福大学的地质学课堂上全部都是男生，只有亨利小姐一个女生，毫不夸张地说，她的出现引起了整个课堂的骚动。后来，她用自己优异的成绩证明了自己的学术能力，大家也就不好再说什么了，但是她的同学们觉得，等到野外考察的时候她就知道艰苦了。

　　不久之后，他们就真的去野外实地考察了，因为岩石不会长在室内，也不会长在市中心。到野外去，到那些艰苦的地方去也是这门课程的一部分，于是很快他们就迎来了计划中的野外课程。亨利小姐，穿着长裙，踩着中跟鞋，也必须去野外，她的同学都很嫌弃她，觉得她一定跟不上大家，只会拖大家的后腿。她对这没有表现出任何不满。后来所有的学生都到了一个地方，那里四处都是栅栏，是当地农民圈出来养牛的。大部分男同学都轻而易举地从栅栏上翻了过去，有几个很有骑士风度的男同学留下来想帮她翻过栅栏。

　　露对他们笑了笑，把裙子拉到小腿处，一手扶着栅栏，优雅地一跃而起，从栅栏这边翻了过去。很显然，这个动作在她成长的过程中重复了无数次，她压根儿就不需要谁伸出援手，也不需要谁来帮她抬脚，她自己就能搞定一切，不管是在课堂上还是野外的考察。就这样，她成了斯坦福第一批女毕业生中的一个，也是第一个拿到地质学专业学位的美国女性。

　　她遇到了赫伯特·胡佛，当时他也是地质学专业的学生，他们的介绍人正是布南纳教授，那个用一场演讲将她领进了地质学之门的人。她决定稍稍修正一下自己的计划，专门攻克胡佛。她一毕业两个人就结婚了，从此开始了两个人五光十色的共同生活。结婚几年之后，露与他人合作翻译了一本文艺复兴时期的矿业论文，原文用拉丁文写成，这本译文为她在地质学界赢得了广泛的赞誉。

露·胡佛的制服

露·亨利·胡佛是20世纪最不为人知的第一夫人了，这跟她生性痛恨自我炒作不无关系。

第一次世界大战期间，埃莉诺·罗斯福开了一家餐厅，给步兵们提供甜甜圈，当时的第一夫人艾迪丝·威尔逊会时不时地出现在那里让媒体拍个照，露·亨利·胡佛则在大西洋两岸来回奔波，写文章，在美国各地做演讲，唤起人们对纳粹德国屠刀下的比利时人民的关注，为比利时挣扎在饥饿边缘的人们筹款。规模宏大的人道主义救援一直是胡佛夫妻俩生活的一部分。

露·亨利并不是生来就富有，她出生在一个中产阶级家庭，长在加利福尼亚。19世纪80年代的加州还只是荒凉西部的一个小城市。赫伯特·胡佛又是一个类似霍雷肖·阿尔杰笔下的主人公的人，就是那种穷苦出身，靠着自己的努力和智慧白手起家的男人。对胡佛来说他靠自己挣到了人生的第一桶金。1900年他才25岁，作为采矿工程师，他的年薪高达45 000美金。今天采矿工程师的年薪起码是这个数字的10倍，这里提供一个参考数字，1900年美国总统的年薪也不过50 000美金。

他们于 1899 年结婚，他们婚后不久就到了中国，赫伯特到中国来做一个巨大的采矿项目的监理。根据当时在中国生活的外国人的惯例，夫妻俩的家里有 6 个仆人。12 年后，胡佛夫妇，加上两个儿子，住在伦敦的上流住宅区梅费尔区，家里的仆人就更多了。胡佛的家产可以抵上好几个百万富翁的。

赫伯特是历任美国总统中最富有的，他的钱不是继承来的遗产，不是家族世袭的钱财，也不是女方的嫁妆，他的钱都是自己挣的。1929 年，50 多岁的胡佛夫妇入住白宫，在此之前，两个人已经全国闻名——不过倒不是因为采矿工程。赫伯特成了一个大慈善家，他卓越的管理才能在欧洲战场上救济海外志愿者的工作中得到了充分的展示。胡佛夫人也是社会活动家，但是她有自己的方式，有自己的条件，其中一个条件就是不做任何的个人炒作。为了慈善事业，可以；如果是为了个人，绝不。

物质之人

胡佛夫人的衣服要不就是出自全世界顶级的设计师之手，要不就是从商店里买的最贵的。她的衣橱里的衣服都质量上乘，大家也都觉得她很会穿，所以她反而对流行不是很敏感。她的鞋子都很朴素、实用。她个子很高，骨架很大，但是并不胖。她年轻时是高挑而瘦削的运动员身材，随着年龄的增长看起来更圆润了一些。哈里·杜鲁门曾用这样一句话评价过自己的夫人："她的长相、身材跟年龄相符。"这句话也很适用于胡佛夫人。她出席各种场合总是穿着得体，这跟140多年前的玛莎·华盛顿非常相似，只不过她穿得不那么时髦，当然这也不是她关心的问题。20世纪20年代的时尚风向标是那些冉冉升起的电影明星和戏剧人物，而不是商务部长家这位年逾五旬的夫人。

露操心的是女童子军，她是在伦敦接触到这个组织的，当地叫作 the Girl Guides。1918年，胡佛夫妇被威尔逊总统召回美国，之后露就开始致力在美国建立相应的女童子军组织，她觉得自己在西部长大的背景非常契合这个组织。虽然她自己没有女儿，但是她努力帮助这些小姑娘们，让她们不仅会做传统意义上的家务活，还要能在户外、大自然中自由呼吸，让她们积极参与社区活动。她很快就成了女童子军的领军人物。

童子军领袖

1921年，露·胡佛当选为美国女童子军董事会的第一任副主席。因为她的积极奔走，到1944年露逝世的那一年，美国女童子军的成员人数比该组织成立时翻了近100倍。

1922—1928年，胡佛夫人担任美国女童子军主席，而且不是名誉主席。如果她的名字出现在职务中，那么她一定是靠实干挣来的。

从艾迪丝·威尔逊开始，历届第一夫人都受邀成了美国女童子军的名誉主席。但露不是名誉上的，她是实实在在干实事的主席。她会用很多时间来计划该组织的总体工作重点和大的目标，设计各种项目和活动，为绩效表彰提供一些建议。多年来，她不远千里到各个地方和当地的官员、当地童子军的领袖以及女童子军的队员们会面、交流。

她曾说过这样一段话，后来被广泛引用："对我而言，女童子军最重要的部分就是户外的活动。我自己童年最幸福的时光应该是我和爸爸一起度过的假期。假期里我们会花几个小时、几天，有时甚至是整整一个月的时间在西部山区里探险、露营。因此，我希望每一个女童都能在童年有这样一段开阔眼界、涤荡心灵、愉悦身心的经历，这必然会对她的一生都有深远的意义。"也是基于此，在她日常的美国女童子军主席工作之余，她还在华盛顿和加利福尼亚州的帕洛阿尔托（胡佛夫妇在这里依然还有自己的房子）两个城市建立了当地的女童子军组织。她还亲自担任华盛顿的女童子军领袖。

胡佛夫人跟她丈夫一样，积极参加社会活动，但从不从中拿一分钱的报酬。她很愿意拿出自己的钱来推进她看好的项目，她做所有这些事情都没有大张旗鼓地宣扬过。

最爱的服装

胡佛夫人也参与了女童子军队服的设计，队服每隔一段时间要做一些细节的改进，但是有一点是延续多年不变的：服装的颜色一直都是绿色的。

队长的制服也是绿色的，不过是专门为成年女性设计的。款式也并不统一，有的队长服是暗淡的绿色衬衫裙配深绿色的天鹅绒或灯芯绒领子；有的队长服是白衬衫、绿裙，或者是绿裙子绿夹克。偶尔还会用腰带，有时会配一件绿色的长风衣，通常都有深绿色的头巾或者是领带。

当然一顶深绿色的帽子是标配，在那个时候，没有帽子就算不上是一套完整的衣服。虽然帽子的款式在几十年间变了不少，地区与地区之间，分会与分会之间也各不相同，但是露一直都戴着一顶宽檐帽，上面有女童子军的徽章。

露当上第一夫人后依然在美国女童子军全国董事会中工作，担负着实实在在的职责。她从来没有忽略她身为第一夫人的任何职责，也没有忘记过她从事了10多年并一直乐在其中的事业所赋予的任何职责。她自己花钱雇了一个秘书专门帮助她处理女童子军的事务，她在白宫的会议室里主持了多次女童子军的常务会议。女童子军的高级管理人员还经常受邀到露位于马里兰山中的私人别墅去。

露·亨利·胡佛不喜欢照相，这一点跟她的上一任第一夫人格蕾丝·柯立芝不同，跟她的下一任第一夫人埃莉诺·罗斯福也不同。她跟爱迪丝·罗斯福一样，怵照相机。今天很少有人能认出她的模样，从现存的几张官方照片来看，她不像是一个自小在西部长大的精力旺盛的社会活动家，倒像是一个富态的贵妇。

另外，我们还可以见到一些照片，甚至还有一些电影的素材，里面的胡佛夫人都身着女童子军队服，据说这些照片是她最喜欢的。

安娜·埃莉诺·罗斯福·罗斯福

出生日期：1884 年 10 月 11 日

出生地点：纽约州纽约市

父母：艾略特·罗斯福，

安娜·利文斯顿·霍尔·罗斯福

丈夫：富兰克林·德兰诺·罗斯福

结婚日期：1905 年 3 月 17 日

子女：安娜·埃莉诺·罗斯福·多尔·伯蒂格·霍斯蒂德，

詹姆士·罗斯福，艾略特·罗斯福，

富兰克林·德兰诺·罗斯福，

小约翰·阿斯皮沃·罗斯福

做第一夫人时间：1933—1945 年

逝世日期：1962 年 11 月 7 日

墓地地址：纽约海德公园

破裙子的故事

　　美国历史上有几任第一夫人都出身贫寒，有的第一夫人幼年就失去了双亲，有的童年不幸。但是，像埃莉诺·罗斯福一样童年时期那样空虚的恐怕找不出几个，唯一值得埃莉诺庆幸的就是她家不贫穷。

　　安娜·埃莉诺·罗斯福出生在罗斯福家族，安娜这个名字没叫多久就不用了。她的妈妈安娜·霍尔，这个美丽的纽约上流社会名媛，在埃莉诺8岁那年撒手人寰。埃莉诺的爸爸艾略特·罗斯福是西奥多·罗斯福的弟弟，虽然出身显赫，魅力十足，但是他20多岁就开始酗酒，还染上了鸦片瘾。有人说他是在一次车祸后为了镇痛才吸食鸦片的，当代历史学家则认为他可能是颅内长了肿瘤，头痛难忍，才开始用鸦片镇痛。不管什么原因，艾略特没办法继续在自己的家族中生活，因此，他只能偶尔探望一下这个宝贝女儿。他去世的时候年仅34岁，当时埃莉诺才10岁。

　　西奥多叔叔和两个姑妈都很疼爱这个小侄女，不过埃莉诺一直都跟外祖母霍尔住在一起。可惜外祖母也有点神经质，外祖母家还住着姨妈、舅舅们，他们也有些神经兮兮，生活放荡不羁。可怜的埃莉诺就这样孤独地度过了整个童年。

埃莉诺长得一点都不像妈妈，倒是酷似爸爸，但是她没有遗传到父母落落大方、善交际的好基因，她长成了一个有些自闭的孩子，非常害羞。她个子很高，大概有5英尺10英寸，骨瘦如柴，身体孱弱，龅牙。她没有朋友，也找不到什么有趣的事来打发时间。

霍尔家族很富有，他们在哈得孙河沿线有大量的地产，在纽约有一栋别墅。埃莉诺穿得很奇怪，这主要怪外祖母的奇怪审美。今天的史料显示，埃莉诺读书期间穿的裙子都是早已过时的款式，绝大部分是内战后流行的那种蓝白相间的海军制服裙，虽然这种款式火了好长时间，但是到19世纪90年代，也就是埃莉诺成长的时期，这种衣服早就过时了。

有这样一个故事，当时埃莉诺14岁，要参加罗斯福家族的派对，她当时的身高已经和成年人差不多了，应该穿19世纪90年代流行的女性裙子了，就是那种长A字裙，上面穿男款衬衫，这种款式的裙子是非常适合14岁的小姑娘穿的。

但是埃莉诺还是穿得像个孩子一样出现在派对上，这让她万分尴尬。那身打扮让她看起来就像一个超龄儿童，而不像一个落落大方的少女。但是她无能为力，她能做的就是尽量避开众人，让自己像空气一样隐形。

西奥多的女儿爱丽丝不知道有没有参加这个派对，这两个姑娘年龄相仿，从小就很熟悉，但是两个人长得却大相径庭。爱丽丝没有埃莉诺那么高；爱丽丝出落得漂亮，埃莉诺长相却一般；爱丽丝落落大方，埃莉诺畏首畏尾；爱丽丝性格外向，交际甚广，埃莉诺则羞涩内向，害怕见人。两个人之间的强烈对比让埃莉诺对自己更没有信心了。

但是这次派对让西奥多的姐姐，也就是埃莉诺的姑姑安娜·罗斯福·考尔斯鼓起勇气建议，说应该把这个侄女送到伦敦附近的埃伦斯伍德学校学习。于是埃莉诺就去了，这段经历对她日后的生活影响深远，成了她永生难忘的记忆。

埃莉诺·罗斯福总穿得像个孩子，这跟她长大后对时尚不敏感有很大的关系。她的衣服虽然总是质地考究，裁剪精良，但是就算她成为万众瞩目的女性之后，她的衣服也总是偏重功能而不单单是好看。

还有另外一个年轻人也参加了这次派对，这是罗斯福家的一个远方表亲，长埃莉诺两岁，他在派对上第一次遇到了埃莉诺，从此就再也忘不了她，虽然她当天穿的裙子简直就是个噩梦。他后来把埃莉诺娶回了家。

埃莉诺的制服

毫无疑问，1941 年 12 月 7 日日本偷袭珍珠港震惊了整个美国，美国民众群情激愤，都认为应该参战了，这对当时的第一夫人埃莉诺·罗斯福来说是一个双重打击。罗斯福新政以及随之引发的社会变革一直是她心中的头等大事，现在必须要搁置一旁，因为全国的重心都转向了战争。她生活的重心现在变得不重要了，从某种意义上讲，连她自己都不重要了。她对于当时全国人民关注的焦点并不擅长，插不上手；而各界对她的这些无关紧要的项目的兴趣和投资也迅速消失，她苦心孤诣经营了近20年才建立起来的影响力就这样消失了，这让她情何以堪？

埃莉诺时不时会去退伍军人管理局医院探望，去餐吧给士兵们倒倒咖啡（她在第一次世界大战期间就这样做过），但是这还不够，她想让自己实实在在地发挥作用。她请求丈夫同意她去国外慰问那些战士们，她丈夫得过小儿麻痹症，腿脚不太灵便，于是她一直都是他的左膀右臂，代表他去各地慰问。下过矿区，去过监狱，到过风沙肆虐的国有农场，还去过她一手筹建起来的各个社区。富兰克林·德兰诺·罗斯福总统沉思了半晌，最后找来他的首席军事顾问商量这件事。结果他们还是不鼓励她去，战争就是打仗，谁也没有办法保证总统夫人的安全，更谈不上出行是否便利了。她真的要去的话，他们得事先找人保护她，一路随行，还要尽量地预测所有的突发事件，这会给大家添麻烦的。总而言之，她去就是添乱。

埃莉诺被拒绝了，她当然得听话，但是她还是不断地苦苦相求。最后总统松了口，既然总指挥同意了，那么谁都拦不住她。她穿着美国红十字会的制服去了，这套制服与25年前艾迪丝·威尔逊穿的那套相比很不一样：没有围裙，也没有护士帽和披肩。埃莉诺穿的这身制服没有任何特色，就是一套卡其色的女士套装，有夹克、半身裙和一件女式衬衣。夹克的手臂处有一个小小的红十字标志；帽子是方形的，宽檐，很像夏尔·戴高乐时期法国军队的帽子；鞋子当然是朴素耐用的那种。埃莉诺本来就不是时尚的人，作为第一夫人常常显得有些过于朴素，这身衣服倒正合她的胃口，这是典型的埃莉诺的衣服。

第一夫人在前线

埃莉诺到太平洋战场后不久，军队高级将领的态度出现了180度的大转变。罗斯福夫人棒极了，她从来都不抱怨，从来不会提任何额外的要求，她骄傲地穿着制服，有什么吃什么，走到哪里就在哪里睡，解决个人卫生问题也不会挑环境，参加活动的时候总是神采奕奕，从不叫累，他们让她做什么她就做什么。

海军上将威廉·H. 公牛·哈尔西，生性直爽急躁，他就是这些态度发生180度大转变的将领之一。战争结束后，他在回忆录中这样描述这位第一夫人：

如下是（埃莉诺·罗斯福）12小时完成的工作：

她视察了两所海军医院，坐船去一个军官的临时住所并在那里吃午饭，饭后返回视察另一所陆军医院，视察第二海军雷达营。然后到士兵俱乐部发表演讲，接下来参加一个招待会，最后受邀出席哈蒙将军主持的晚宴。

她视察医院可不仅仅是跟医院的领导握握手，到日光房走一圈就行了。她走遍了每一个病房，走到每一张病床前跟每一位伤兵谈话，询问他们的名字，问他们感觉怎样，还需不需要什么东西，需不需要她帮他捎信回家。我都不禁赞叹，这个女人是如此坚强。她每天走很远的路，她见到的那些伤兵面目看起来都很可怕，但是她还是俯下身来靠近他们，听他们说话。我永远记得那些伤兵跟第一夫人谈话时的激动表情。

她不仅仅视察了每一个医院、每一个疗养院、每一间病房，她还视察了军事基地和战舰。她随身带着一个笔记本，详细记录了士兵的名字、家人、与他们谈话的时间和地点，之后不厌其烦地逐一给这些士兵的母亲或爱人写信。在她的信中，每一个士兵都是英雄，她说美国人民会世世代代永远铭记他们。当然，她也很尽职尽责地参与战争的高层政治会谈，出现在所有需要她出现的午宴和晚宴上。士兵们都爱戴她，将领们也爱戴她，这群人可都是意志坚定之人，要改变他们对别人的印象可不容易啊。

制服综述

许多第一夫人和准第一夫人都在战争时期到部队慰问过将士，玛莎·华盛顿就跟丈夫一起去过福吉谷、莫里斯敦，总之他让她去哪儿，她就去哪儿。

玛格丽特·泰勒40年中一直随军，只要是安全的地方，她都会跟着丈夫去。她的丈夫扎卡里·泰勒这样评价她："她跟我一样，就是一个战士。"

茱莉亚·格兰特在内战时也随着丈夫四处奔走。

露西·海斯经常到军营去探望丈夫，在他受伤期间还留下来亲自照料他。

玛丽·林肯在内战期间定期跟她丈夫一起去视察部队，她还常常自己去华盛顿的临时医院探望伤员，当然她不会四处张扬自己去过这些地方。

探访退伍军人医院是每一位第一夫人的职责，到今天依然如此。

她们通常会穿上某种荣誉制服，只是为了拍照。只有埃莉诺穿着制服是为了在世界大战期间跟着部队奔赴千里之外的异国战场，而且她的身边也没有丈夫陪伴。

那些久经沙场的老将领们有的也许对他们的总指挥不满，但是对这位总指挥夫人，却是满心敬佩。

罗斯福夫人的行李箱

埃莉诺有一张标志性的照片，是她老年时期拍的。其实也有几张照片风格跟这张相似，但是在这张照片里，她穿着一套毫不起眼的宽松的衣服和舒适的鞋子，戴一顶没有什么特色的帽子，围一条死气沉沉但是款式时尚的围脖，是用狐狸尾巴做成的。她右手提了一个普通的手提包和两个公文包，左手则提着一个行李箱，里面装的是睡衣和换洗衣物。这就是埃莉诺，简单纯粹。

历史学家们几乎都将埃莉诺·罗斯福视为美国第一位现代的第一夫人——一个拥有自己的兴趣、自己的日程表、自己的目标和自己的成就的女性。当然，今天的第一夫人们也都有自己的日程表、自己的兴趣爱好、自己的目标，也有自己实实在在的成就。她们同时也要承担起白宫的社会义务，维持白宫的日常运作，监督一些传统节日的工作，每周都要在公众场合露面无数次，要做10多场演讲，要拍照，要接受记者采访，还要随时保持迷人的姿态，穿着要得体，随时都要神采奕奕、心情愉快，所有这一切都是她们的义务。

当然，第一夫人也有一个团队帮助她完成这些职责，这个团队是由政府出资聘请的。

不一样的埃莉诺

罗斯福夫人 1933 年成为第一夫人的时候已年近五旬，她当时已经积累了丰富的个人政治活动经验，她的丈夫富兰克林早年得了小儿麻痹症，后来就腿脚不便。虽然身体不好，但是他最终还是登上了全国最高的职位。据说最初埃莉诺对自己将要扮演的这个角色是不开心的，传统的第一夫人形象就是倒倒茶做个样子，而她并不想被这种形象所禁锢，她也不想因此而放弃自己的社会政治活动，这些活动已经成为她生活的一个重要组成部分了。

富兰克林·罗斯福向她保证，不会让她放弃什么，也不会让她花太多的时间在那些传统的第一夫人该做的事情上。因为自己腿脚不便，他需要她做他的助手，而且她也已经为他做了 10 年的助手了。

罗斯福夫人可没有一个团队围着她，她只有一个秘书，因为她对白宫日常维护方面的事务一点兴趣都没有，所以她很高兴把相关的事情转交给了白宫的管家和罗斯福总统的秘书来做。她身边只有玛尔维纳·托米·汤普森帮她，所以她必须自己来安排日程。每天她都要给报纸写专栏，要主持十几个组织机构的大大小小的会议，有的就在白宫召开，有的则在很远的地方；她支持各种社会活动；
她有自己的朋友和政治同盟；白宫所有需要第一夫人出席
的场合她都会出席。而且她从不会忘记任何一个家人的生
日，也不会忘记任何一个纪念日，好像她永远都有时间来
处理每一件事情。

在路上

　　埃莉诺·罗斯福一直都在路上，她去的地方遥远累人。
每逢受邀去为某个项目做演讲，只要是她支持的事业，只
要这个项目有意义，她就不会拒绝。20 世纪 20 年代，她
就自己开车出门了。因为是第一夫人，所以在华盛顿市内
她必须要让司机代劳。绝大部分时间她都乘飞机或火车，
她不会派人做先遣队，也不会带上特勤处的保卫。她要么
自己去，要么就只带上托米。她到达某地时不会有锣鼓喧
天的欢迎仪式，也不会有前来迎接的人群，她离开的时候
也一样。

　　不是第一夫人之后的 12 年，埃莉诺·罗斯福仍然马
不停蹄地四处奔波，直到离世，她享年 78 岁。其间她做
过联合国代表团成员，在亨特学院做过老师。她帮助过无
数有价值的企业，让这些企业借用她的名誉和威望，占用
她的时间，她还常常动用自己的私人基金资助这些企业。

　　她依然没有请求任何官方的随从，依然只有一个秘

书，后来她年龄越来越大，有时就让孙子陪着。每每被问及什么才是第一夫人最重要的特质时，她的回答从不流于平庸。"一个健康的身体。"她总是这样说，她的确也是这样认为的。

要知道，罗斯福夫人的姓氏并不仅仅是因为夫姓，她生来就是罗斯福家族的一员，她的伯父就是西奥多·罗斯福，一位活力无限、兴趣广泛的伟人，她的血液里也流淌着一样的激情。

这样就有了这张著名的照片，照片上的她永远都提着她的行李箱。

伊丽莎白（贝丝）·维吉尼亚·华莱士·杜鲁门

出生日期：1885 年 2 月 13 日

出生地点：密苏里州独立村

父母：大卫·维洛克·华莱士，

　　　玛格丽特·盖茨·华莱士

丈夫：哈里·S.杜鲁门

结婚日期：1919 年 6 月 28 日

子女：玛丽·玛格丽特·杜鲁门·丹尼尔

做第一夫人时间：1945—1953 年

逝世日期：1982 年 10 月 18 日

墓地地址：密苏里州独立村杜鲁门图书馆

帽子展览馆

20 世纪和 21 世纪的学者们普遍认为，埃莉诺·罗斯福之后的两位第一夫人都乏善可陈。两个人都没有什么作为，但是好像也没有谁对此表示过不满。这是怎么回事？大家都知道贝丝·华莱士·杜鲁门最不喜欢牢笼一般的第一夫人生活。在她 8 年的第一夫人生涯中，大家对她记忆最深的就是两件事：第一是没能成功地完成给首航飞机涂圣油的仪式；第二就是她对总统夫人主要职责的奇特认识。

贝丝·华莱士·杜鲁门有一张照片，拍摄于她丈夫仓促的就职典礼上，照片上她穿了一套黑乎乎的衣服，戴一顶黑色的帽子，脸上带着对这个重大变化的明显不满。富兰克林·德兰诺·罗斯福去世了，哈里·S.杜鲁门这个上任不到 3 个月的副总统就这样一夜之间变成了国家的首脑。如果我们仔细看照片的话，我们甚至还可以看到她脸上的愤怒，她的生活也随之发生了巨变，这可不是她想要的。

她的上一任第一夫人是埃莉诺·罗斯福，这是个积极的政治活动家，她每周都要召开自己的新闻发布会，还要参加数不清的活动。罗斯福夫人大概希望她后面的第一夫人会跟她一样，因此很热情地表示愿意陪同杜鲁门夫人出席由华盛顿女记者发起的一次记者招待会，此举无疑是想给杜鲁门夫人保驾护航。

但是杜鲁门夫人不高兴了，她拒绝了，她让记者们把问题都写下来，提交给她。于是报社的女记者们呈上了长长的问卷，结果只有一个问题得到了回复：1919 年 6 月 28 日，这是她的结婚日期。其他所有的问题都是同样的答案："无可奉告。"这个词在密苏里州方言中的意思就是有你什么事。贝丝·杜鲁门的家乡是密苏里州独立村，她的个性跟这个村的名字一样。这场记者招待会是她参加的第一场招待会，也是最后一场。

为什么不情愿

有的人天生就不是一个外向的人，有人会非常小心地保护自己的隐私。贝丝·华莱士其实是个平易近人的人，她有一帮老同学，彼此之间的友谊持续了一辈子，当然她的这一辈子非常长，将近 100 年。作为参议员杜鲁门的夫人，她跟参议院的太太们关系融洽，她打得一手好桥牌，这让她很受欢迎。

绝大部分时间贝丝都很宅，她的大部分时间都给了她的丈夫、她的女儿、她的妈妈。她妈妈玛格丽特·华莱士是一个很特别的女人，日子好的时候她也没有幸福过，何况她已经很久没过过好日子了。

贝丝心底一直隐藏着一个天大的秘密，她 18 岁那年，她那酒鬼父亲在浴室对准自己的头开了一枪。1903 年自杀可是一桩丑闻，性情本来就古怪的华莱士夫人经过了这件事之后就更怪异了，家里还有 3 个弟弟，因此，撑起全家的重任就责无旁贷地落在了贝丝肩上。她曾经的梦想——读书、工作，此刻都幻灭了，她必须得待在家里，她的家人需要她。

虽然她父亲自杀的事情已经过去几十年了，就算这是丑闻，到 1945 年也应该早被公众淡忘了。但是，现在杜鲁门当上了总统，贝丝就成了第一夫人，这个新的身份让她非常担心自己的陈年旧事会被翻出来，担心自己的隐私会受到侵犯，甚至还有更糟的——她年迈的母亲早已平复的情绪会因此再起波澜。

帽子的故事

身为第一夫人的贝丝·杜鲁门很少在公众场合发言，因此很少有谁引用她的话。只有一句话被经常引用，就是当她被问到认为什么是第一夫人最重要的职责时，她的回答非常简洁："坐在丈夫的身旁，保持镇定，确保帽子是戴端正了的。"她经常会对着镜子审视自己，她的帽子永远戴得端端正正，而且永远戴得虎虎生威，甚至有一点点强势。

帽子当然是颜色多样、款式各异的，帽檐和材质也跟着时尚潮流春夏秋冬每季都花样翻新，正式场合与非正式场合戴的帽子也不同。贝丝的帽子多得需要一个衣橱才能装得下——多到可以在杜鲁门图书馆举办一个单独的帽子展览了。帽如其人，贝丝的帽子多半是那种没有什么特色，也没有什么明显的款式的，只有几顶比较有特色：一顶是三角形的，上面满是穗子，有一点像墨西哥宽边帽，也有一点像小丑博索的帽子，要不是亲眼所见，你可能都无法相信杜鲁门夫人还有这样的帽子；还有一顶是她年轻时买的平顶的硬草帽，有缎带装饰，要是再悬挂上一个价签，就活脱脱一个老大剧院的明星米妮·波尔的样子了。

剩下的帽子就完全跟我们想象中的一样了，想象一下一位衣橱里满是廓形的男式衣服的第一夫人，套装永远是黑色、藏蓝色和各种灰色，衬衣则永远都是素色。帽子的材质有毛毡、草编、塔夫绸和其他常见的材质，上面装饰了羽毛、水果、珠子，偶尔还会用鸟毛或缎带做装饰，有的帽子上面还有面纱。

她的绝大部分帽子是用花装饰的，只要你随便说出一种颜色，你就能在贝丝的帽子里找出装饰着这种颜色花朵的帽子；只要你随便说出一种花的名字，你就能在贝丝的帽子里找出这种花的各种造型，玫瑰花、天竺葵、雏菊、百合、矮牵牛花、三色堇还有各种不知名的小花都被用来点缀在帽子上，为了衬托这些花，还配上了各种树叶和藤蔓。

哈里·杜鲁门是这样回答别人对他年过六旬的夫人的美貌的褒奖的："她的样子与她的年龄相符。"他从来都不能忍受别人说他夫人的闲话，但是他对贝丝的相貌有着清醒的认识。她的样子的确就是 20 世纪 40 年代 60 多岁的妇人的惯常模样。她的帽子也就是身为第一夫人的贝丝的帽子应该有的样子。

她说到做到，一直沉默不语，头上的帽子永远戴得端端正正的。

飞机的故事

但是贝丝·杜鲁门，不管戴不戴帽子，都很幽默，至少她的家人是这么说的。

20 世纪 40 年代，第一夫人们已经开始独自出席某些庆典场合：奠基仪式、剪彩仪式和献花仪式。贝丝很听丈夫的话，他让她做什么她就做什么，一件都不会落下，丈夫没要求的事情，她不会主动去做。

有一次一架新飞机首次升空，杜鲁门夫人和女儿玛格丽特受邀去给飞机涂圣油。杜鲁门夫人照常穿着她宽松的廓形套装，胸口别了鲜花做装饰，戴了一顶无边呢帽，上面有缎带装饰，并用白色剪绒装饰帽檐。她站在飞机边，手里拿着一瓶看起来怎么都打不开的香槟使劲摇，第一夫人执着地摇着瓶子围着飞机转了一圈又一圈，香槟还是没能打开，随从劝她别摇了，她就是不听。这个瓶盖事先没有被弄松，贝丝年轻时就不是那种身强力壮的姑娘，当时万分尴尬，又气又急，加上镁光灯一直闪个不停，这意味着她的样子会见诸报端，甚至会出现在全国各个剧院，成为人们茶余饭后的谈资与笑柄。

她就这样气急败坏地回到了白宫，把满腔怒火一股脑儿发泄在了她丈夫的身上。要知道，总统当时也是怒火中烧，他决不允许他的夫人，堂堂美国第一夫人在公众场合这样被羞辱，他立即让人没收了当时唯一的一盘现场录影带。

杜鲁门一家3口：哈里、贝丝和玛格丽特关起门来看了这盘录影带，看完之后他们笑瘫了，根据玛格丽特事后的回忆，她笑得捧着肚子在地上打滚，她爸爸笑得眼泪都出来了。他们并不觉得这个场景很难堪，反而觉得很滑稽、很呆萌。大家并不是嘲笑贝丝这个第一夫人，他们只是觉得这个场景太搞笑了。后来这盘录像带被公布出来后，大家都觉得好笑，时至今日，大家还是觉得这个场景很滑稽。

其他第一夫人的表现恐怕比这个更糟糕，贝丝就这么一言不发地完成了这个仪式，关键是头上的帽子还是戴得端端正正的，或许她自己也觉得很好笑，但是她成功地用她的帽子掩饰了她想笑的企图。

 玛米·杰尼瓦·杜德·艾森豪威尔

出生日期：1896 年 11 月 14 日

出生地点：爱荷华州布恩市

父母：约翰·谢尔顿·杜德，

　　　伊里夫拉·卡尔逊·杜德

丈夫：德怀特·D. 艾森豪威尔

结婚日期：1916 年 7 月 1 日

子女：大卫·杜德·艾森豪威尔（3 岁夭折），

　　　约翰·谢尔顿·杜德·艾森豪威尔

做第一夫人时间：1953—1961 年

逝世日期：1979 年 11 月 1 日

墓地地址：堪萨斯州阿比林市艾森豪威尔图书馆

粉夹克和各种粉衣服

现在 50 岁以下的女性大多数不知道什么叫睡衣夹克，这种衣服已经成了老古董，但是五六十年前，上了年纪的有地位的女性的内衣抽屉里都有一件这样的睡衣夹克。这种衣服跟大家想的一样，就是套在睡裙外面穿的，这件衣服可以穿在睡裙外面御寒，也可以在我们坐在床上吃简单的早餐时披一下。玛米·艾森豪威尔就穿这种睡衣夹克，有时用来御寒，有时吃早饭的时候穿。

得宠的富家小姐

玛米·杰尼瓦·杜德·艾森豪威尔出生在爱荷华州，在科罗拉多州长大，家里非常富庶。杜德一家住在丹佛最上层的街区，杜德家的小姐自然是从小被宠大的。

玛米小时候得过急性风湿性关节炎，从此之后身体就弱不禁风。熟悉她的人都知道，她只要稍有一点点不舒服就会卧床休息，因此她的睡衣夹克几乎从不离身。

杜德一家很富有，每年冬天都会外出度假。在他们全家到得克萨斯州圣安东尼奥的一次旅行中，她遇到了她的白马王子：当时刚刚从西点军校毕业的少尉德怀特·D. 艾森豪威尔。他第一眼看见她，就觉得她是这个世界上最乖巧的女人。

玛米19岁那年和德怀特结婚了，虽然杜德一家很喜欢德怀特，把他当作家人一样看待，但是玛米年纪轻轻就结婚，他们还是放心不下。这样一个娇生惯养的小姐真的能胜任军官夫人的角色吗？

玛米的天赋

玛米·艾森豪威尔并不是一个读书很厉害的人，她受教育的程度一般，她的能力也一般，但是她也不是一个家庭主妇。虽然她表面上看起来像是一个做得一手好菜的祖母，但是她的厨艺实在无法恭维。她曾说家里的牛排都是德怀特煎，她就只能拌个沙拉。她也不会做女红，军营里初级军官们的住所也不大，做清洁花不了多长时间，她也没有什么兴趣爱好可以用来打发时间。

但是她有一些潜在的天赋，让她安然度过未来的岁月。

首先，她很会笑，每次都是开怀大笑，这点跟她丈夫很像，她一笑，整张脸都神采飞扬，迷人极了，德怀特笑起来也是这样。

其次，她性格外向，很容易交朋友，这一点跟德怀特也很像。两个人这一辈子搬家数十次，不管他们的房子在哪里，都会成为艾森豪威尔的俱乐部，他们会在家里开鸡尾酒会，玩牌，聚餐。他们呼朋引伴，很多朋友都到过他们家。

玛米成名了

在长达 25 年的时间里，玛米·艾森豪威尔高高兴兴地扮演着陆军中层军官夫人的角色。当时是美国经济大萧条时期，军队的工作稳定，薪水也靠得住，谁都不会轻易地放弃这样一份工作。因此晋升就不要想了，几乎没有可晋升的职位空缺。德怀特觉得他退休时顶多就是个陆军上校。

第二次世界大战改变了一切，当时的艾森豪威尔上校从 100 多个资历比他更老的前辈中脱颖而出，迅速晋升。到二战结束时，德怀特已经是肩扛五颗星的将军了，走到哪里都有欢迎他的人。二战期间玛米和德怀特两地分居了 5 年，其间玛米时时刻刻都为德怀特提心吊胆，因此战后玛米再也没有离开过德怀特，他走到哪里她就陪到哪里。说到这里，要暂停下来插一句，他俩几乎把美国走了个遍。

1952 年，时年 61 岁的艾森豪威尔将军突然对政治感兴趣了，同意担任共和党的总统候选人。竞选结果毫无悬念，大家都喜欢德怀特。

时年 55 岁的玛米在战后那代美国人的眼中简直就是

一缕清风,她很乖巧,很女人。她最爱粉色,于是总穿得粉嘟嘟的,粉色的裙子、粉色的帽子、粉色的手包、粉色的手套,据那些玛米身边的人透露,玛米的内衣和睡衣都是粉色的。她还穿着收腰的衣服,鞋子也不是那种舒适朴素的款式。她的鞋子都是高跟鞋——而且一定是粉色的!她标志性的"玛米刘海"很受欢迎,乖巧成了美国的流行时尚。

助选者玛米

玛米很快就成了时尚风向标,人们都争相模仿她的穿着。20世纪50年代的公主裙穿在她身上美极了,她的高跟鞋款式多样,颜色各异,她化妆。美国民众,无论男女都喜欢她,就像喜欢德怀特一样。

玛米的表现让众人惊叹,就连她自己也没想到,她很积极地投入了竞选演说的整个过程中,这个政治环节是她之前所有准第一夫人们都没有参与过的,就连热衷社会活动的埃莉诺·罗斯福也没有。玛米很喜欢在记者们的镜头前摆造型,很享受站在德怀特身边甜蜜地微笑,向下面的民众挥手致意。本来德怀特的同僚们是想把玛米赶走的,但是他们惊喜地发现艾森豪威尔夫人对德怀特的竞选而言简直就是一个有力的武器。民众都爱戴她,而且她一点都不碍手碍脚。要是她有什么想法,也就是自己想想就算了，不会当众说出来，所以，让她出现在公众场合他们绝对放心。

显而易见，他们最后赢了，他们简直就是无往不胜。

新式第一夫人

埃莉诺·罗斯福精力充沛，独立自主，她塑造的美国第一夫人与前面的第一夫人们截然不同，对后来者则是巨大的挑战，她后来的第一夫人们很难有这样鲜明的形象了。大概又过了 20 年，第一夫人的地位和公众形象终于调整到了跟现在比较接近的状态，玛米·艾森豪威尔刚好处于过渡时期。

她从没想过要有自己的日程安排，她无心过问政治，她最关心的就是当艾森豪威尔夫人，当将军夫人，除此之外别无野心。她当然也会把总统交给她的任务完成得很好，这一点跟贝丝·杜鲁门很像，她会用自身的魅力圆满地完成各项义务，但仅限于传统意义上的社会广泛接受的第一夫人的义务，除此之外她一点别的事都不想做，也没兴趣做。要是一定要说她还有什么别的爱好的话，那就是装饰他们在宾夕法尼亚葛底斯堡的新家了。这是艾森豪威尔的第一套房子，也是唯一的一套，玛米等了将近 40 年才等来这套房子。

好在军官太太也有自己的社会义务，所以艾森豪威尔夫人能胜任她的新工作，在白宫里里外外忙个不停，有空的时候还要操心他们在葛底斯堡的农场，夫妻俩都喜欢在那里招待朋友和重要的来宾。艾森豪威尔升任五星上将之后，玛米的工作一度多到极点。玛米张罗这些宴会已经不仅仅是出于她外向好客的本性了，也是出于将军夫人的职责，就像玛莎·华盛顿和茱莉亚·格兰特一样。在白宫宴请宾客与之前也没有多大不同，只不过这一次鱼贯而入的宾客多是艾森豪威尔夫妇的老友。估计德怀特当上总统之后就是这个世界最著名的人了。

过渡期的第一夫人

作为第一夫人，玛米每天早上都过得很轻松惬意：穿着她的粉色睡衣夹克，通常还要像小姑娘一样，用一根粉色的缎带当作发带，系在她的齐耳短发上，然后坐在床上享受早餐。她的秘书或者白宫的首席管家会跟她一起在她的卧室里喝咖啡，同时安排当天的工作。但是只要第一夫人觉得有一点点不舒服，她那件睡衣夹克就挂在那里，她自己也不起床。

记者们对贝丝·杜鲁门没有什么兴趣，但是他们对这位新第一夫人的兴趣可是前所未有的高。玛米并不忠于她说的话、做的事，她完全忠于自己。她喜欢粉色，于是记者们说粉色就是 20 世纪 50 年代的颜色。玛米式的短刘海经一个年轻俏丽的女演员奥黛丽·赫本效仿，顿时风靡全国，所有的女人都剪了这种刘海；要是玛米穿了某个设计师设计的裙子——她经常穿设计师款，那么这个款式会立马被复制推广，全国各大商店，从柏朵古德曼到梅西百货，都能找到类似的款式。

不管她个人是否意识到了，也不管她是否情愿，玛米·艾森豪威尔就是这么重要的一位第一夫人。她是最后一位生于19世纪的第一夫人，那个时候女性才刚刚开始挣脱传统的束缚。玛米也喜欢像传统女性一样，在丈夫的羽翼保护下生活，但是她的特立独行让她成了新式的第一夫人——她是第一个因为自己突出的个性而闻名的第一夫人。

粉色的东西绝对是当时的时尚，常见的用品都有粉色的：粉色的梳妆用具、粉色的香水瓶、粉色的毛巾、粉色的床单，甚至还有粉色的打字机。厨房也刮起了粉色旋风：厨具有粉色的，还有粉色的炉子和粉色的冰箱。浴室用品也有粉色的：粉色的瓷砖、粉色的浴缸，甚至还出现了粉色的马桶和粉色的马桶垫。有一个故事说有一次艾森豪威尔因为心脏病入院，玛米就去陪他，住在他隔壁的病房。她说要一个新的马桶垫——要粉色的，但是普通的粉色马桶垫无法安装在医院的马桶上，于是住院的这段时间变成了她的一场噩梦。

她后面的第一夫人们都属于20世纪，她们对第一夫人的看法也是20世纪的看法，她们会充分利用自己的身份来完成一些她们认为值得完成的事业。当然，当代的民众也认为她们理应如此。

玛米·艾森豪威尔淡出大众的视野已经几十年了，作为第一夫人，她的表现只能说是端庄淑女，无功无过。但也不知道为何，除了她那红遍全国的粉色套装之外，后来的第一夫人们谁都不喜欢粉色。

作者手记

　　本书中所有的故事都是基于真实发生的事件或者服装方面真实的文章（除非写明了是隐喻），我们可以在书中、网上、文章里和影片中发现很多可以补充这些故事的东西。故事怎么讲，把它们放在什么背景之下，该怎么样润色才更吸引人，这些都是题外话。

　　也不知道为什么，故事似乎被冷落了很长时间，要知道，从前人们曾经是那么喜欢一个好故事。人们会蜂拥到电影院或打开电视看西部片和古装剧，从圣经史诗到身着铠甲的骑士再到《唐顿庄园》。我们喜欢看古装剧，看那些帽子，还有那些奇形怪状的鞋子。看到古时候的浴袍居然还有裤子和长筒袜，我们会忍俊不禁。我们简直无法想象，绅士开个门都得先把西装穿得整整齐齐。看着一个皮肤黝黑、肌肉发达的壮汉穿着紧身裤，外面套一条像气球一样的短裤，还自称为"征服者"，我们觉得简直不可思议。好莱坞提供的不是严谨的历史，但是它成功的地方在于能够让我们对这些历史题材感兴趣，这样我们才有可能愿意做进一步的探讨，我在本书中做的正是这样的事情。

我在许多谈话中、签售会上、讲课的时候都频繁地被问到同一个问题：我写第一夫人们为什么写到玛米·艾森豪威尔就不往下写了？要知道，她之后还有10多位第一夫人呢。这个问题问得好，我觉得有两个原因。

首先，玛米·艾森豪威尔是生于19世纪的最后一位第一夫人，这个分界线非常适合用来画一个完整的句号。当然，这个答案未免过于简单。

更合适的答案是：20世纪60年代左右，我们随便选哪个日子，都会发现当时对第一夫人的要求已经完全变了。当代的第一夫人们已经不再是单纯快乐的家庭主妇，就像贝丝·杜鲁门说的那样，主要的职责就是"把帽子端端正正地戴在头上"。今天的第一夫人们都受过良好的教育，在婚前都有自己的职业，有的甚至婚后依然在外工作。社会对她们的期待已经不再停留在接受献花，参加学校的揭幕典礼，回复邮件，给总统参谋一下手绢的颜色或者是监督一下白宫的日常维护之类的事情了，当然，上述这些事情她们现在也做。她们现在还要做公开演讲，要写文章，要接受电视和广播的采访，要精通时尚。我们希望第一夫人们都是迷人的、光鲜考究的，即便在最艰苦的环境中也能时时刻刻保持端庄优雅。白宫早期的那些女主人们怎么能跟今天这样的第一夫人相提并论呢？

早年的第一夫人们根本就没有什么助手，不错，白宫是有许多仆人，所以第一夫人们永远都不需要亲自去洗衣服、熨衣服、洗盘子（阿比盖尔·亚当斯除外）。但是她们除了一个自己的贴身女仆之外，就没有其他助手了。顶多让自己的侄女或女儿帮着偶尔招待一下客人或者写封回信什么的。随着社交秘书的出现，这种情况在20世纪已经得到了彻底的改观，到了20世纪中期，第一夫人有助手已经成了惯例。

就连当年最爱到处访问、精力无限的埃莉诺·罗斯福也只有一个私人秘书。当然，罗斯福夫人从来都不怎么过问家务，也不怎么关心时尚。

今天第一夫人的助手中有专门人员负责打理第一夫人的衣橱，这当然是一个超大的衣橱。第一夫人需要频繁外出，一天需要四五种不同的造型，要演讲、开会、接受采访、照相，要迎来送往，要参加早茶、午宴、茶会、晚宴和大型宴会，要参加舞会，其间偶尔会有时间短暂休整一下。第一夫人每天都需要换四五套衣服。

今天的第一夫人的裙子、礼服甚至运动服都是由世界著名设计师根据她的喜好来量身定做的。第一夫人每天的穿着都要详细记录在案，按照出席的场合来记录，从而保证她穿过的衣服不会在同一群观众面前出现第二次。她换下的每一件衣物、饰品都要送去清洗，可能还需要重新熨烫一次。

所以她们没有可比性，非要比的话就是不公平。决定写到玛米就不往下写了是我个人的意见，我希望这样能让这些旧时代的女性不会在新时代的女性面前相形见绌。她们都是绝妙的女性，我不能仓促地一笔带过。她们是我们国家的伟大国母，她们需要我。

最后重申，我的目的是让读者们觉得历史有趣，就像我读历史的感受一样。

致　谢

　　写作从来都是一项需要耐得住寂寞的工作，它内隐，但绝不孤独。其实很多人都参与了写作过程，有些人甚至都不知道他们的参与给作者多么大的帮助。

　　第一夫人们是我这20年以来最好的伴侣，我从未厌倦过她们，因为她们身上永远有一些东西是值得我学习的，是我所欣赏的。

　　我个人在此要向各个总统遗址、纪念馆的各位讲解员、各位档案保管员以及其他工作人员表示感谢，感谢他们不厌其烦，给予我巨大的帮助。我要特别感谢艾迪丝·宝琳·威尔逊诞生地纪念馆的工作人员法伦·史密斯，多年以来，他总是第一时间回复我的各种问题；感谢第一夫人历史馆的档案室主任米歇尔·吉龙，他总是很快回电话，为我提供了大量的研究史料和珍贵照片；感谢赫伯特·胡佛总统图书博物馆的影像档案管理员琳·史密斯，她的幽默感很有感染力，如果问我最想跟谁一起喝咖啡的话，那答案一定就是她；感谢威廉·霍华德·塔夫脱国家历史馆的代理首席解说员加里·伍德；感谢富兰克林·德兰诺·罗斯福总统图书馆的档案管理员莎拉·L.马克姆；感谢杜鲁门图书馆的宝琳·贝斯特曼；感谢其他几个总统纪念馆的工作人员和志愿者们的帮助。当然，我还要衷心感谢国会图书馆的管理人员，他们帮助我在浩如烟海的照片中找到了我需要的照片。

特别感谢我在威廉斯堡和弗吉尼亚两地的写作团队，大家慷慨地与我分享他们的评价，为我提出实质性的建议，跟我共享信息，还有对我的支持。

感谢我的"读者"——谢尔比·霍桑、路易斯·汉密尔顿和海瑟·沃伊特，他们给我提出了宝贵的意见和建议；感谢纳瑞乐·立文，他的"掉头"题目让我很喜欢，我最后采用的就是他的题目。

感谢威廉斯堡图书馆的工作人员，我都要把那里的板凳坐穿了。

感谢威廉玛丽学院下属的克里斯多夫·沃伦协会和克里斯多夫纽波特大学的我学无止境的"学生们"，感谢你们的鼓励和支持，感谢你们给我提出的那些问题。

感谢我的出版人兼编辑约翰·科勒和乔·科卡罗，感谢你们对我如此信任，感谢你们的帮助和引导。

感谢我的家人朋友，感谢你们虽然已经对第一夫人的故事滚瓜烂熟到厌恶至极，但是还是一再包容我。

最后，我要记住萝拉·G.海伍德，她虽然与我素昧平生，但是却改变了我整个的人生方向。

参考书目

为了不让读者分心，书中没有脚注，我尽量避免直接引用。不过，为了写这本书，我用到了几十种不同的资源。

为了不把参考书目这部分搞得太冗长，我把书目分成了3类，一类是第一夫人的一般性参考材料（比如总统、白宫、选举等），一类是网上资料来源，还有一类是第一夫人的特殊参考资料。

我很高兴参观了绝大部分的总统纪念馆，从讲解员和纪念馆的工作人员那里学到了不少知识。参考书目中也包括了这些纪念馆的网址。

为了方便，我在查阅一些基本信息时，曾参考了维基百科，但是并没有把维基百科列入参考书目。

普通书籍和参考资源

Adler, Bill (with Norman King)—*All in the First Family: The President's Kinfolk*—G.P. Putnam's Sons, 1982

Anderson, Alice E. and Baxendale, Hadley V.—*Behind*

Every Successful President—Spi Books, 1992

Anthony, Carl—*First Ladies: The Saga of the Presidents' Wives and their Power 1789-1961*—William Morrow, 1990

Barzman, Sol—*The First Ladies*—Cowles Book Company, 1970

Boller, Paul—*Presidential Wives: An Anecdotal History*—Oxford University Press, 1988

Caroli, Betty Boyd—*Inside the White House: First Ladies from Martha Washington to Hillary Clinton*—Canopy, 1992

—*First Ladies: From Martha Washington to Hillary Clinton*— Doubleday Direct, 1997

Foster, Feather Schwartz—*The First Ladies From Martha Washington to Mamie Eisenhower: An Intimate Portrait of the Women Who Shaped America*—Sourcebooks, 2011

Furman, Bess—*White House Profile*—The Bobbs−Merrill Company, 1951

Garrison, Webb—*White House Ladies: Fascinating Tales and Colorful Curiosities*—Rutledge Hill Press, 1996

Gould, Lewis L.—*American First Ladies: Their Lives and Their Legacy*—Routledge, 2014

Graddy, Lisa Kathleen & Pastan, Amy—The *Smithsonian*

First Ladies Collection—Smithsonian Books, 2014

Healy, Diana Dixon—*America's First Ladies: Private Lives of the Presidential Wives*—Atheneum, 1988

Hoover, Irwin (Ike)—*42 Years in the White House*—Houghton Mifflin, 1934

Jeffries, Ona Griffin—*In and Out of the White House* —Wilfred Funk, Inc. 1960

Kelly, C. Brian—Best *Little Stories from the White House*—Cumberland House, 2003

Logan, Mrs. John L.—*Thirty Years in Washington, Or, Life and Scenes in Our Nation's Capital*—1901

Means, Marianne—*The Woman in the White House*—The New American Library 1963

Melick, Arden Davis—*Wives of the Presidents*—Hammond, Inc. 1972

Schneider, Dorothy and Schneider, Carl J.—*First Ladies: A Biographical Dictionary*—Facts on File, 2010

Seale, William—*The President's House: A History*—White House Historical Assn., 1986

Swain, Susan—*First Ladies: Presidential Historians on the Lives of 45 Iconic Women*—Public Affairs, 2015

Thomas, E.H. Gwynne—*The Presidential Families: From George Washington to Ronald Reagan*—Hippocrene Books, 1989

Truman, Margaret—*First Ladies: An Intimate Group Portrait of White House Wives*—Ballantine Books, 1997
—*The President's House: 1800 to the Present: A First Daughter Shares the History and Secrets of the World's Most Famous Home*—Ballantine Books, 2003

Wead, Doug—*All the Presidents' Children*—Atria Books, 2003

West, J.B. (with Mary Lynn Kotz)—*Upstairs at the White House: My Life with the First Ladies*—Coward, McCann & Geoghegen, 1973

C-SPAN.org broadcasts on both the presidents and the first ladies.

普通网站资源

下面是本书参考的网络资源，每一个链接中都有充足的信息，给予我无尽的滋养。

www.firstladies.org

www.whitehouse.gov

www.carlanthonyonlie.com

www.abrahamlincolnonline.org

www.c-span.org/first ladies

www.firstladiesof america.com

www.biography.com

www.millercenter.org

www.history.com

玛莎·华盛顿

Bourne, Miriam Anne—*First Family: George Washington and his Intimate Relations*—W.W. Norton & Co., 1982

Brady, Patricia—*Martha Washington: An American Life*—Penguin Books, 2006

Bryan, Helen—*Martha Washington: First Lady of Liberty*—John Wiley, 2002

Chadwick, Bruce—*The General and Mrs. Washington*—Sourcebooks, 2005

Desmond, Alice Curtis—*Martha Washington, Our First Lady*—Dodd Mead, 1947

Niles, Blair—*Martha's Husband*—McGraw Hill, 1951

Randall, Willard Sterne—*George Washington: A Life*—Galahad Books, 2006

Thayne, Elswyth—*Mount Vernon Family*—Crowell-Collier, 1968

Wilson, Dorothy Clarke—*Lady Washington*—Doubleday, 1984

Presidential site, Mt. Vernon, VA: www.mountvernon.org

www.colonialmusic.org

阿比盖尔·亚当斯

Adams, James Truslow—*The Adams Family*—Blue Ribbon, 1932

Abigail Adams—*The Letters of John and Abigail Adams*—Penguin Classics, 2003

Barker-Benfield, G.J.—*Abigail and John Adams: The Americanization of Sensibility*—University of Chicago Press, 2010

Bober, Natalie S.—*Abigail Adams: Witness to a Revolution*— Atheneum, 1995

Ellis, Joseph (foreword)—*My Dearest Friend*—Belknap Press, 2010 – *First Family: Abigail and John Adams*—Alfred A.Knopf, 2010

Gelles, Edith—*Abigail and John: Portrait of a Marriage*—William Morrow, 2009

Holton, Woody—*Abigail Adams*—The Free Press, 2009

Jacobs, Diane—*Dear Abigail: The Intimate Lives and Revolutionary Ideas of Abigail Adams and Her Two Remarkable Sisters*— Ballantine Books, 2014

Levin, Phyllis—*Abigail Adams*—St. Martin's Press—1987

McCullough, David—*John Adams*—Simon & Schuster, 2001

Nagel, Paul C.—*Descent from Glory: Four Generations of Adams Women*—Oxford University Press, 1983

– *The Adams Women: Abigail and Louisa, Their Sisters and Daughters*—Harvard University Press, 1999

Russell, Francis—*ADAMS: An American Dynasty*—American Heritage, 1976

Shepherd, Jack—*The Adams Chronicles: Four Generations of Greatness*—Little Brown & Co., 1976

Whitney, Janet—*Abigail Adams*—Atlantic, Little Brown, 1947

Withey, Lynne—*Dearest Friend: A Life of Abigail Adams*—The Free Press, 1981

Presidential site, Quincy, MA: www.nps.gov/adam

多莉·麦迪逊

Allgor, Catherine—*Parlor Politics: In Which the Ladies of Washington Help Build a City and a Government*—University of Virginia Press, 2000

– *A Perfect Union: Dolley Madison and the Creation of the American Nation*—Henry Holt & Co., 2006

Anthony, Katharine—*Dolley Madison, Her Life and Times*—Doubleday & Co., 1949

Gerson, Noel B.—*The Velvet Glove*—Thomas Nelson, Inc.,

1975

Howard, Hugh—*Mr. and Mrs. Madison's War: America's First Couple and the Second War of Independence*—Bloomsbury Press, 2012

Mattern, David B. and Shulman, Holly C. (eds)—*The Selected Letters of Dolley Payne Madison*—University of Virginia Press, 2003

Moore, Virginia—*The Madisons: A Biography*—McGraw Hill, 1976

Nolan, Jeanette Covert—*Dolley Madison*—Julian Messner, 1958

Presidential site, Orange County, VA: www.montpelier. org

伊丽莎白·门罗

Allgor, Catherine—*Parlor Politics: In Which the Ladies of Washington Help Build a City and a Government*—University of Virginia Press, 2000

Unger, Harlow—*The Last Founding Father: James Monroe and a Nation's Call to Greatness*—DaCapo Press, 2010

Presidential site, Albemarle County, VA: www.ashlawnhighland. org

Presidential site, Fredericksburg, VA: www.jamesmonroemuseum. umw.edu/

路易莎·凯瑟琳·亚当斯

Adams, Louisa Catherine and Hogan, Margaret A.—*A Traveled First Lady: Writings of Louisa Catherine Adams*—Belknap Press, 2014

Allgor, Catherine—*Parlor Politics: In Which the Ladies of Washington Help Build a City and a Government*—University of Virginia Press,2000

Bobbe, Dorothie—*Mr. & Mrs. John Quincy Adams*—Minton Balch, 1950

Cook, Jane Hampton—*American Phoenix: John Quincy and Louisa Adams, The War of 1812, and the Exile that Saved American Independence*—Thomas Nelson, 2013

Nagel, Paul C.—*John Quincy Adams: A Public Life, A Private Life*— Knopf, 1997

– *Descent from Glory: Four Generations of Adams Women*— Oxford University Press, 1983

– *The Adams Women: Abigail and Louisa, Their Sisters and Daughters*—Harvard University Press, 1999

O'Brien, Michael—*Mrs. Adams in Winter: A Journey in the Last Days of Napoleon*—Farrar, Straus and Girous—2011

Shepherd, Jack—*The Adams Chronicles: Four Generations of*

Greatness—Little Brown & Co. 1976

— *Cannibals of the Heart: A Personal Biography of Louisa Catherine and John Quincy Adams*—McGraw Hill, 1980

Unger, Harlow—J*ohn Quincy Adams*—DaCapo Press, 2012

Presidential site, Quincy, MA: www.nps.gov/adam/

瑞秋·朵尔逊·杰克逊

Brands, H.W.—*Andrew Jackson: His Life and Times*—Doubleday, 2005

Burstein, Andrew—*The Passions of Andrew Jackson*—Borzoi/Knopf, 2003

Byrd, Max—*Jackson: A Novel*—Bantam, 1997

Marszalek, John F.—*The Petticoat Affair*—Free Press, 1997

Meacham, Jon—*American Lion: Andrew Jackson in the White House*—Random House, 2008

Remini, Robert—*The Life of Andrew Jackson*—Harper & Row, 1988

Presidential site, Nashville, TN: www.thehermitage.com

茱莉亚·加德纳·泰勒

Craypol, Edward P.—*John Tyler, the Accidental President*—University of North Carolina Press, 2006

Seager, Robert, II—*And Tyler Too: A Biography of John and Julia Gardiner Tyler*—Historic Sherwood Forest Corporation, 2003

Presidential site, Charles City, VA: www.sherwoodforest. org

莎拉·柴尔德里斯·波尔克

Anson, Fanny and Nelson—*Memorials of Sarah Childress Polk, wife of the 11th President of the United States*—Reprint Company, 1974

Dusinberre, William—*Slavemaster President*—Oxford University Press, 2003

Peterson, Barbara Bennett—*Sarah Childress Polk*—Nova History Publications, 2002

Presidential site, Columbia, TN: www.jameskpolk.com

简·阿普尔顿·皮尔斯

Covell, Ann—*Jane Means Appleton Pierce: US First Lady (1853—1857): Her Family, Life and Times* —Hamilton Books, 2013

Shenkman, Richard—*Presidential Ambition: Gaining Power at Any Cost*—Harper, 1999

Presidential site, Concord, NH www.piercemanse.org

哈利特·莲恩

Stern, Milton—*America's Bachelor President and the First Lady*— PublishAmerica, 2004

Presidential site: Lancaster, PA: http://www.nps.gov/nr/travel/presidents/james_buchanan_wheatland.html

玛丽·托德·林肯

Baker, Jean Harvey—*Mary Todd Lincoln: A Biography* — W.W. Norton, 1987

Baynes, Julia Taft—*Tad Lincoln's Father*—Little, Brown, 1931

Berry, Stephen—*House of Abraham*—Houghton Mifflin Harcourt, 2007

Clinton, Catherine—*Mrs. Lincoln: A Life*—Harper, 2009

Colver, Anne—*Mr. Lincoln's Wife*—Holt, Rinehart, 1965

Epstein, Daniel Mark—*The Lincolns, Portrait of a Marriage*— Ballantine Books, 2008

Hambly, Barbara—*The Emancipator's Wife*—Bantam Books, 2005

Helm, Katherine—*Mary, Wife of Lincoln*—Harper & Bros.

1928

Keckley, Elizabeth—*Behind the Scenes, or Thirty Years a Slave, And Four Years in the White House*—Cosimo Classics, 2009

Lachman, Charles—*The Last Lincolns*—Union Square Press, 2008

Randall, Ruth Painter—*Mary Lincoln: Biography of a Marriage*— Little Brown, 1953

Ross, Ishbel—*The President's Wife: Mary Todd Lincoln*— G.P. Putnam's Sons, 1973

Schreiner, Samuel A.—*The Trials of Mrs. Lincoln*—Donald I. Fine, 1987

Turner, Justin G. and Turner, Linda Levitt (eds.)—*Mary Todd Lincoln: Her Life and Letters*—Knopf, New York, 1972

Van der Heuvel, Gerry—*Crowns of Thorns and Glory*—E.P. Dutton, 1988

Winkler, H. Donald—*The Women in Lincoln's Life*— Rutledge Hill, 2001

www.internetstones.com

www.abrahamlincolnonline.org

Presidential site: Springfield, IL: www.nps.gov/liho

First Ladies site: Lexington, KY: www.mlthouse.org

茱莉亚·顿特·格兰特

Flood, Charles B.—*Grant's Final Victory*—DaCapo Press, 2011

Grant, Julia Dent—*The Personal Memoirs of Julia Grant (Mrs. Ulysses S. Grant)*—G.P. Putnam's Sons, 1975

Grant, U.S.—*Memoirs and Selected Letters (1839-1865)*—Library of America, 1990

Korda, Michael—*Ulysses S. Grant: The Unlikely Hero*—Harper, 2013

Lewis, Lloyd—*Captain Sam Grant*—Little Brown, 1950

McFeeley, Wm. S.—*Grant: A Biography*—W.W. Norton, 1981

Ross, Ishbel—*The General's Wife: The Life of Mrs. Ulysses S. Grant*— Dodd Mead & Co., 1959

Todd, Helen—*A Man Named Grant*—Houghton Mifflin, 1940

Presidential site: St. Louis, MO: http://www.nps.gov/ulsg/learn/historyculture/jdgrant.htm

露西·韦伯·海斯

Geer, Emily Apt—*First Lady: The Life of Lucy Webb Hayes*—Kent State University Press, 1984

Williams, Harry T. (ed).—*Hayes: The Diary of a*

President—David McKay, 1964

http : / / whitemountainart.com / about-3 / artists/daniel - huntington-1816-1906-2/

Presidential site: Fremont, OH: www.rbhayes.org

弗朗西斯·弗尔森·克利夫兰

Brodsky, Alyn—*Grover Cleveland: A Study in Character*—St. Martin's Press, 2000

Carpenter, Frank G.—*"Carp's Washington"*—McGraw Hill, 1960

Cross, Wilbur and Novotny, Ann—*White House Weddings*—David McKay Co., 1967

Dunlap, Annette—*FRANK: The Story of Frances Folsom Cleveland, America's Youngest First Lady* —Excelsior Editions, 2009

Jeffers, H. Paul—*An Honest President*—William Morrow, 2000

Jeffries, Ona Griffin—*In and Out of the White House*—Wilfred Funk, Inc. 1960

Logan, Mrs. John L.—*Thirty Years in Washington, Or, Life and Scenes in Our Nation's Capital*—1901

卡罗琳·司各特·哈里森

Carpenter, Frank G.—*"Carp's Washington"*—McGraw Hill, 1960

Jeffries, Ona Griffin—*In and Out of the White House*—Wilfred Funk, Inc. 1960

Seale, Williams—*The President's House*—The White House Historical Association, 2008

Sievers, Harry—*Benjamin Harrison: Hoosier Statesman*—University Publishers, 1959

Presidential site: Indianapolis, IN: www.presidentben jaminharrison. org

艾达·萨克斯顿·麦金莱

Leech, Margaret—*In the Days of McKinley*—Harper & Bros. 1959

Morgan, H. Wayne—*William McKinley and His America*—Kent State University Press, 2004

Schneider, Dorothy and Schneider, Carl J.—*First Ladies: A Biographical Dictionary*—Facts on File, 2001

Traxel, David—*1898: The Tumultuous Year of Victory, Invention, Internal Strife and Industrial Expansion*

that saw the Birth of the American Century—Alfred A. Knopf, 1998

爱迪丝·卡罗·罗斯福

Brands, H.S.—*TR: The Last Romantic*—Basic Books, 1997

Caroli, Betty Boyd—*The Roosevelt Women: A Portrait in Five Generations*—Basic Books, 1998

Cordery, Stacy—*Alice: Alice Roosevelt Longworth, from White House Princess to Washington Power Broker*—Viking, 2007

Dalton, Kathleen—*A Strenuous Life*—Vintage, 2004

Donald, Aida—*Lion in the White House*—Basic Books, 2007

Hagedorn, Hermann—*The Roosevelt Family of Sagamore Hill*— Macmillan, 1954

Morris, Sylvia Jukes—*Edith Kermit Roosevelt*—Modern Library, 2001

Wilson, Dorothy Clarke—*Alice and Edith: A Biographical Novel of the Wives of Theodore Roosevelt* —Doubleday, 1989

Presidential site: Oyster Bay, NY: http://www.nps.gov/nr/travel/presidents/t_roosevelt_sagamore_hill.html

海伦·赫朗·塔夫脱

Anthony, Carl Sferrazza—*Nellie Taft: The Unconventional First Lady of the Ragtime Era*—Harper Collins, 2009

Butt, Archie—*The Intimate Letters of Archie Butt, Military Aide*— Doubleday & Company, 1930

Ross, Ishbel—*An American Family: The Tafts, 1678-1964*— World Publishing Co., 1964

Taft, Mrs. William Howard—*Recollections of Full Years*— Dodd, Mead, 1914

www.etiquetteer,cin/category/nellie−taft

www.stretching−it.com/stret/taft/Taft_humor_pg3.htm

Presidential site: Cincinnati, OH: http://www.nps.gov/wiho/index.htm

爱伦·路易斯·亚克森·威尔逊

Axson, Stockton—*Brother Woodrow: A Memoir of Woodrow by Stockton Axson*—Princeton University Press, 1993

McAdoo, Eleanor Wilson—*The Woodrow Wilson*—Curtis Publishing, 1936

—*The Priceless Gift: The Love Letters of Woodrow Wilson and Ellen Axson Wilson* −McGraw Hill, 1962

Miller, Kristie—*Ellen and Edith: Woodrow Wilson's First*

Ladies— University Press of Kansas, 2010

Saunders, Frances—*Ellen Axson Wilson: First Lady Between Two Worlds*—University of North Carolina Press, 1985

Presidential site: Staunton, VA http://www.woodrowwilson. org/ museum/the—birthplace—the—manse

艾迪丝·宝琳·戈尔特·威尔逊

Hatch, Alden—*Edith Bolling Wilson: First Lady Extraordinary*— Dodd, Mead, 1961

Levin, Phyllis—*Edith and Woodrow: The Wilson White House*—Lisa Drew Books, Scribner, 2001

Miller, Kristie—*Ellen and Edith: Woodrow Wilson's First Ladie*s— University Press of Kansas, 2010

Ross, Ishbel—*Power With Grace: The Life Story of Mrs. Woodrow Wilson*—Putnam, 1975

Shachtman, Tom—*Edith and Woodrow: A Presidential Romance*— Putnam Publishing Group, 1981

Smith, Gene—*When the Cheering Stopped*—William Morrow, 1964

Tribble, Edwin (ed.)—*President in Love: The Courtship Letters of Woodrow Wilson and Edith Bolling Galt*— Houghton Mifflin, 1981

Wilson, Edith Bolling—*My Memoir*—Bobbs Merrill, 1939

Presidential site: Washington, DC: www.woodrowwil
sonhouse. org

First Lady site: Wytheville, VA: http://edithbollingwilson. org/
www.smithsonianmag.com/history/a-symbol-that-
failed-149514383/

弗洛伦丝·科琳·哈定

Anthony, Carl Sferrazza—*Florence Harding: The First Lady, The Jazz Age, and the Death of America's Most Scandalous President*— Harper Perennial, 1999

Mee, Charles L. Jr.—*The Ohio Gang: The World of Warren G.Harding: An Historical Entertainment* —Henry Holt & Co., 1983

Russell, Francis—*The Shadow of Blooming Grove: Warren G. Harding In His Times*—McGraw Hill 1968

Sinclair, Andrew—*The Available Man: Warren Gamaliel Harding*— The Macmillan Co., 1965

Starling, Col. Edmund W.—*Starling of the White House*— Simon & Schuster, 1946

West, J.B.—*42 Years in the White House*—Houghton Mifflin, 1934

Presidential site: Marion, OH: http://www.hardingho me.org/

格蕾丝·古德休·柯立芝

Lathem, Edw. C. (ed)—*Meet Calvin Coolidge*—Stephen Greene, 1960

Ross, Ishbel—*Grace Coolidge and Her Era*—Dodd Mead, 1962

Schlaes, Amity—*Coolidge*—Harper Collins, 2013

Starling, Col. Edmund W.—*Starling of the White House*—Simon & Schuster, 1946

West, J.B.—*42 Years in the White House*—Houghton Mifflin, 1934

Wikander, Lawrence and Ferrel, Robt. (eds.)—*Grace Coolidge: An Autobiography*—High Plains Publishing, 1982

Presidential site: Plymouth Notch, VT: http://www.nps.gov/nr/travel/presidents/calvin_coolidge_homestead.html

露·亨利·胡佛

Mayer, Dale C. (ed.)—*Lou Henry Hoover: Essays*—High Plains Publishing, 1994

Peare, Catherine O.—*The Herbert Hoover Story*—Thomas Y. Crowell, 1965

Pryor, Dr. Helen B.—*Lou Henry Hoover: Gallant First*

Lady—Dodd Mead, 1969

West, J.B.—*42 Years in the White House*—Houghton Mifflin, 1934

Presidential site: West Branch, IA: http://hoover.archives. gov/

安娜·埃莉诺·罗斯福·罗斯福

Brands, H.W.—*Traitor to His Class*—Doubleday, 2008

Burns, James and Dunn, Susan—*The Three Roosevelts*— Atlantic Monthly, 2001

Cook, Blanche Wiesen—*Eleanor Roosevelt: Vol 1—1884-1933*—Viking, 1992

– *Eleanor Roosevelt: Vol 2: 1933-1938*—Penguin, 1999

Goodwin, Doris Kearns—*No Ordinary Time*—Simon & Schuster, 1994

Halsey, William F. & Bryan, J. III—*Admiral Halsey's Story*—McGraw Hill, 1947

Harrity, R. & Martin R.—*Eleanor Roosevelt: Her Life in Pictures*— Duell, Sloan & Pearce, 1958

Lash, Joseph—*Eleanor and Franklin*—W.W. Norton, 1986

– *Eleanor Roosevelt: A Friend's Memoir*—Doubleday & Co., 1964

Nesbitt, Henrietta—*White House Diary*—Doubleday & Co.,

1948

Pottker, Jan—*Sara and Eleanor*—St. Martin's Press, 2004

Roosevelt, Eleanor—*The Autobiography of Eleanor Roosevelt*— Harper & Bros. 1961

Presidential sites: Hyde Park, NY: http://www.nps.gov/hofr/index.htm

http://www.fdrlibrary.marist.edu/archives/collections/franklin/

First Lady site: Hyde Park, NY: http://www.nps.gov/elro/index.htm

贝丝·华莱士·杜鲁门

Ferrell, Robt. H. (ed.)—*Dear Bess: Letters From Harry*—W.W. Norton, 1983

McCullough, David—*Truman*—Simon & Schuster, 1992

Miller, Merle—*Plain Speaking*—Berkley Publishing, 1974

Sale, Sara L—*Bess Wallace Truman*—University Press of Kansas, 2010

Truman, Margaret—*Harry W. Truman*—William Morrow, 1972

  – *Bess W. Truman*—Macmillan, 1986

  – *Where The Buck Stops*—Warner, 1969

Presidential site: Independence, MO: http://www.

trumanlibrary.org/

http://www.nps.gov/hstr/index.htm

http://www.trumanlittlewhitehouse.com/

玛米·杜德·艾森豪威尔

Brandon, Dorothy—*Mamie Doud Eisenhower*—Scribners, 1954

Eisenhower, David and Eisenhower, Julie Nixon—*Going Home to Glory*—Simon & Schuster, 2010

Eisenhower, Dwight D.—*Letters to Mamie*—Doubleday, 1978

Eisenhower, Susan—*Mrs. Ike*—Farrar Straus Giroux, 1996

Lester, David and Lester, Irene—*Ike and Mamie*—G.P. Putnam, 1981

Perret, Geoffrey—*Eisenhower*—Random House, 1999

Presidential sites: Abilene, KS: http://www.eisenhower. archives.gov/Gettysburg, PA: http://www.nps.gov/ eise/index.htm